像院士
一样思考

张聿温

/ 著

人民日报出版社
北京

图书在版编目（CIP）数据

像院士一样思考 / 张聿温著. —北京：人民日报出版社，2023.6
ISBN 978-7-5115-7796-2

Ⅰ.①像… Ⅱ.①张… Ⅲ.①创造性思维－通俗读物 Ⅳ.①B804.4-49

中国国家版本馆CIP数据核字（2023）第083431号

书　　名：	像院士一样思考 XIANG YUANSHI YIYANG SIKAO
著　　者：	张聿温
出 版 人：	刘华新
责任编辑：	林　薇　陈　佳
装帧设计：	主语设计
出版发行：	人民日报出版社
社　　址：	北京金台西路2号
邮政编码：	100733
发行热线：	（010）65369527　65369509　65369512　65369846
邮购热线：	（010）65369530　65363527
编辑热线：	（010）65363486
网　　址：	www.peopledailypress.com
经　　销：	新华书店
印　　刷：	北京博海升彩色印刷有限公司
法律顾问：	北京科宇律师事务所　010-83622312
开　　本：	710mm×1000mm　1/16
字　　数：	260千字
印　　张：	21
版次印次：	2023年7月第1版　2024年8月第2次印刷
书　　号：	ISBN 978-7-5115-7796-2
定　　价：	68.00元

序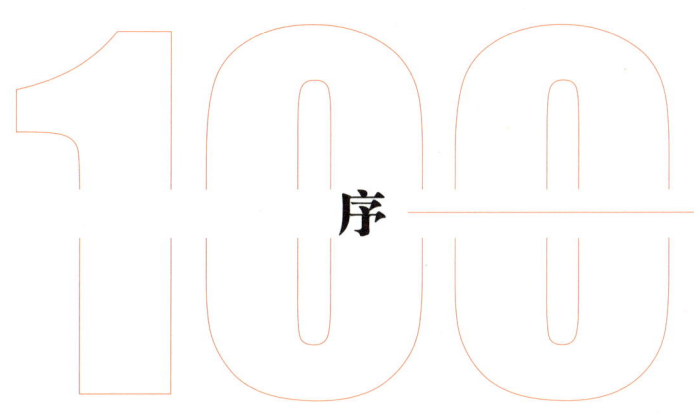

◎ 杨利伟

今年春节假期刚过,我正在外地出差,收到本书作者张聿温发来的信息,邀请我为他的新书写序。聿温是我的空军战友,2003年我执行"神舟"五号任务凯旋后,他作为《中国空军》杂志记者曾采访过我,由此结下友谊。他发来了尚未出版的电子版新书,此书旨在推广院士思维,从而为建设科技强国培养更多的创新型人才。一直以来,培树人才是我们的共同情结、共同追求,因此我欣然应允。

提起院士,人们无不肃然起敬。中国科学院、中国工程院是中国科学技术的最高学术殿堂,两院院士是中国科学技术和工程科技领域的最高学术称号和最高荣誉称号。除了深厚的学术造诣和令人瞩目的科技成果之外,院士的称号还象征着科学家所具有的崇高的爱国主义情怀,严谨的科学态度,纯正的学术风气,为人师表的高风亮节,以及顽强拼搏的奉献精神。他们是国家的财富,是推进我国科技进步的重要力量。

毫无疑问,院士是值得尊崇的,院士业绩是值得大书特书的。但有意义的是,这本精辟而富有洞察力的书,不是仅仅局限于传播院士卓越成果以及宣扬院士精神品质,而是以通俗易懂的方式，为读者提供了一系列有趣而适时的科学家事例，并着眼于院士得以建功立业的思维特征、思维方式、思维技巧、思维规律，从简要的事例中提炼出复杂的"院士思维"，总结出已经取得成功的院士智慧，泽被后学、嘉惠新人，让更多德才兼备的创新型人才能够"站在巨人的肩膀上"开拓进取，突破更多的关键技术、核心技术，强大我们的祖国，造福全人类。

近年来，国际学术界对于科学思维的研究方兴未艾。科学是思考和理解世界的一种方式，而科学思维是正确的思考即正确思维，正确思维才能正确推理，形成正确的知识结论。因此，学会科学思维是科学创造的前提。阅读书中一个个鲜活的案例，有的是凝聚奇思妙想开出"科学之花"，有的是挖掘创新思维结出"科学之果"，有的是锻炼科学思维集成"院士智慧"，我们可以通过考察"院士思维"的主要特点获得启发，从而把握科学思维的创造力和真正含义。尤其是在呼啸而来的人工智能与大数据时代，信息获取的极大便利不断优化改进科学创造，科学研究更需要科学想象力以及客观的科学思维，从而从海量的数据中发现佐证信息，用于探索世界运行的大问题和人类发展的大未来。

当然，不管未来科学如何进步和发展，人类都离不开从小到大自我成才的过程，那就是怎样成为科技人才、怎样培育科技人才。书中很好地回答了这个问题，"跟院士学思维"是培育创新型人才的必由之路，也是一条捷径。在成才的道路上，要注重思考的力量，强化思维训练，掌握科学的思维方式和思想方法。古今中外的先哲对此多有论述，如《论语》中的"学而不思则罔，思而不学则殆"，《孟子》中的"心之官则思，思则得之，不思则不得也"。法国哲学家帕斯卡尔有句名言："人不过是一根芦苇，是自然界里最脆弱的东西；但他是一根会思想的芦苇。因此，我们的全部尊严就在于思想。"爱因斯坦则说："学习知识要善于思

序

考,思考,再思考。我就是靠这个方法成为科学家的。"无论是在社会科学领域,还是在自然科学领域,动脑是基本功,思考、思维都是须臾不可缺少的东西。否则,就不会有发明创造,更谈不上科学了。

中国两院院士的思维,是当代科学家的科学思维,是承先启后、继承发展、摄取创新的思维典范。它既继承了中国古代科学家的思想和理念,又与时俱进,结合科技发展,有许多新的开拓和创意,富有鲜明的时代特色。我1983年加入人民空军,1998年入选航天员,2003年乘"神舟"五号首次进入太空,实现了中国人的太空梦。这些年来,在训练、科研和工作、生活中,我先后与多位院士打过交道,特别是航天领域荣获中国"两弹一星"功勋奖章的科学家,如中国两院院士、世界著名的空气动力学家、中国载人航天的奠基人、被誉为"中国航天之父"的钱学森,中国科学院院士、航天技术与液体火箭发动机技术专家任新民,中国科学院院士、火箭总体设计专家屠守锷等。每次见面会谈,都深为院士们的学术造诣、能力素质、敬业精神、人格魅力所折服,他们的科学思维更是宝贵的精神财富,他们是一群最可敬、最可亲、最可爱、最可学的人。

今天,我们正处于全面建设社会主义现代化强国的关键时期。国家要富强、民族要复兴,需要我们以更深刻的认识,更坚定的信心,更自觉的行动,更充沛的干劲,更坚韧的意志,在新时代新征程上砥砺前行,一往无前。教育、科技、人才是全面建设社会主义现代化强国的基础性、战略性支撑,坚持科技是第一生产力,人才是第一资源,创新是第一动力,深入实施科教兴国战略、人才强国战略、创新驱动发展战略,是我们事业成功的根本保障。对此,我们既要坚定不移,又要付出脚踏实地的努力。

所以,我们要"像院士一样思考",跟院士学思维,学如何做学问，如何搞科研，以及如何做人！书中百余位院士的百余则故事，虽不过是浩瀚大海中的朵朵浪花、辽阔天空中的片片彩云，但都是科学思维、创新思维、精准思维的经典案例，言简意赅，引人入胜，并且对人颇有启迪。可以说，这是一本独具特色的科普著作，也是一本进行科学思维训练的通俗教材。读读这些经典案例，品其三昧，摄其精华，像院士那样重于思考，善于思考，勤于思考，对于培育创新文化、弘扬科学精神、涵养优良学风、营造创新氛围，对于培养造就更多世界级的科学家、一流的科技工作者、顶级的大国工匠、高技术的产业工人等高、精、尖人才，都是大有裨益的。

2023 年 3 月 26 日于北京

目 录

第一辑
目标·方向

> 目标与方向，是科研成功、院士成才、实现人生价值的首要问题。

中国科学院院士李庆逵：
从生产需要中提出课题……… 003

中国科学院院士卢嘉锡：
"毛 估"……………………… 006

中国科学院院士谢希德：
明智的选择…………………… 010

中国科学院院士徐僖：
摔名片的深处………………… 013

中国科学院院士王补宣：
学科交叉觅新奇……………… 016

中国科学院院士邹承鲁：
科研选题三原则……………… 019

中国科学院院士谷超豪：
把国家急需作为研究方向… 022

中国工程院院士程天民：
献身精神是动力源泉………… 024

中国科学院院士欧阳予：
十项美德成就人……………… 027

中国工程院院士屠基达：
人才为本　又红又专……… 030

像院士一样思考
——100位院士思维故事100例

中国科学院院士马在田：
"让专业适合自己"………… **033**

中国科学院院士唐孝威：
学科交叉开新域………… **036**

中国科学院院士刘宝珺：
善取"他山之石"………… **039**

中国工程院院士徐滨士：
惊人数字定终身………… **042**

中国科学院院士张贵田：
用战略的眼光把握新方向… **045**

中国科学院院士朱兆良：
看资料主要是看思路……… **048**

中国科学院院士沈韫芬：
借助哲学之光………… **050**

中国科学院院士毛江森：
课题选择忌追风………… **053**

中国科学院院士游效曾：
学科交叉寻时机………… **056**

中国工程院院士项海帆：
"保持自主权"………… **059**

中国工程院院士岑可法：
选题依据何在………… **062**

中国科学院院士欧阳自远：
不赶时髦………… **065**

中国科学院院士蒋民华：
到"森林"中去"采蘑菇"… **068**

中国工程院院士胡思得：
终生难忘的一席话………… **070**

中国科学院院士杨福家：
科学家有祖国………… **073**

中国科学院院士贺贤土：
怎样不成为"万金油"…… **076**

中国两院院士李德仁：
咬定青山不放松………… **079**

中国工程院院士龚惠兴：
从"简单"的研究工作做起… **082**

中国科学院院士陈颙：
面对世界性难题………… **085**

中国科学院院士朱清时：
图"学问"不图"学位"… **088**

目录

第二辑
用心·动脑

> 院士的才干从何而来？他们自己的回答是：处处留心，勤于用脑，善于思考。

中国两院院士钱学森：
晚年的新创见…………… 093

中国科学院院士叶大年：
博采众长 贵在结合……… 096

中国科学院院士张煦：
勇于放弃………………… 099

中国两院院士吴阶平：
在传统认识面前做有心人… 102

中国科学院院士薛社普：
"大胆假说，多方求证"…… 104

中国科学院院士杨叔子：
"天赋猪权"……………… 107

中国工程院院士刘广志：
善于找到突破口………… 109

中国工程院院士陈秉聪：
从生物界寻找启迪……… 112

中国科学院院士马宗晋：
从粗略认识入手………… 115

中国科学院院士郭景坤：
喝茶时的灵感…………… 118

中国工程院院士张炳炎：
舰船设计师的汽车缘…… 121

中国科学院院士林励吾：
重视科研中的"负结果"… 123

中国工程院院士张立同：
用"简单"对付"复杂"… 126

中国工程院院士傅廷栋：
寓于偶然中的必然……… 129

中国工程院院士俞大光：
"从追踪原因中求解问题"… 132

中国两院院士王选：
"成功是失败之母"………… 135

中国科学院院士苗永瑞：
让头脑时刻有准备 ………… 138

中国科学院院士曹春晓：
"三思而行"与"行而三思"… 140

中国科学院院士杨福家：
时刻做有心人……………… 143

中国科学院院士邓锡铭：
"留心意外事物"…………… 145

中国科学院院士吴孟超：
灵活转移经验……………… 148

第三辑
质疑·批判

要想有所进取，有所作为，就必须大胆质疑，勇于批判。

中国科学院院士王淦昌：
敢于打问号………………… 153

中国科学院院士徐克勤：
白钨矿是怎样发现的……… 157

中国科学院院士王世真：
思考贵在大胆……………… 159

中国科学院院士周恒：
创新从对传统的怀疑开始… 161

中国工程院院士袁隆平：
与"偶然"交朋友………… 164

中国工程院院士曾溢滔：
凡事问个为什么…………… 167

中国工程院院士何继善：
被权威否定之后…………… 170

中国科学院院士郭可信：
"吾爱吾师，吾尤爱真理"… 173

中国科学院院士尹文英：
对权威：尊重而不盲从…… 176

中国科学院院士王之江：
以批判眼光进行独立分析… 179

目录

中国科学院院士刘盛纲：
在求解疑问中创新理论…… 182

中国科学院院士王育竹：
离诺奖一步之遥的思考…… 191

中国科学院院士施雅风：
修正前人义不容辞………… 185

中国科学院院士胡海昌：
"胡－鹫津原理"的背后 … 194

中国科学院院士刘建康：
不轻易苟同他人…………… 188

第四辑
突破·创新

> 创新是科学的灵魂，创新是科研的生命，创新是科学家的使命。

中国科学院院士谈家桢：
"厚积薄发"与"博大精深"… 199

中国两院院士王选：
知彼知己　实现跨越……… 213

中国科学院院士林励吾：
"不踩别人的脚印"………… 202

中国科学院院士李衍达：
不在原地打转转…………… 216

中国科学院院士嵇汝运：
在改造的基础上创新……… 205

中国工程院院士戚颖敏：
"继承不是重复"…………… 219

中国工程院院士盛志勇：
"早期切痂法"的诞生 …… 207

中国科学院院士赵玉芬：
"向前多走一步"…………… 222

中国科学院院士朱显谟：
"标新立异"是本色 ……… 210

中国工程院院士汤中立：
甘冒风险…………………… 224

5

中国科学院院士干福熹：
开辟新领域…………… 227

中国两院院士沈志云：
超前意识是创造性思维的源泉… 230

中国工程院院士王忠诚：
突破需要胆识…………… 233

中国科学院院士刘振兴：
注重调研文献…………… 236

中国工程院院士张涤生：
敢为天下先…………… 239

中国两院院士钱学森：
培养大跨度的联想能力…… 242

中国科学院院士殷之文：
"化学去氧法"的诞生 …… 245

中国科学院院士何祚庥：
选择"做"的路线………… 248

中国两院院士王越：
给人一把"金钥匙"……… 251

第五辑
勤奋·坚韧

勤奋和坚韧，戒除浮躁，对院士而言，庶几可以称之为最重要的品格。

中国科学院院士张香桐：
保持旺盛的求知欲………… 257

中国科学院院士丁舜年：
保持好奇的天性…………… 260

中国两院院士钱学森：
不服输性格出智慧………… 263

中国工程院院士岑可法：
认准路就走到底…………… 266

中国工程院院士宋鸿钊：
独辟蹊径 百折不挠……… 269

中国工程院院士顾玉东：
抓住失败这个难得"机遇"… 272

目录

中国科学院院士王夔：
把逆境化作机遇…………… 275

中国工程院院士林华宝：
身处逆境不气馁…………… 278

中国工程院院士张福泽：
不畏逆境做贡献…………… 281

中国科学院院士李星学：
以勤补拙成大才…………… 284

中国科学院院士王大中：
"跳起来摘果子"…………… 287

中国科学院院士程裕淇：
"程氏数字"………………… 290

中国科学院院士叶大年：
"读字当头"与"干字当头"… 293

中国工程院院士吴祖垲：
机遇在哪里………………… 295

中国科学院院士王梓坤：
"积累与突击相结合"……… 298

中国科学院院士田在艺：
坚持"两个不间断"………… 300

中国工程院院士姜文汉：
谨防知识老化……………… 303

中国工程院院士冯叔瑜：
名堂在现场………………… 306

中国工程院院士胡壮麒：
"午睡账"…………………… 309

中国科学院院士沈学础：
终生坚守的基本信念……… 311

中国两院院士宋健：
苦学成就事业……………… 314

中国工程院院士任继周：
信守诺言五十载…………… 317

后　记 ………………… 320

第一辑
目标·方向

从祖国建设的需要出发,才能不断发现学科创新点,才有源源不断的激情和智慧。

——谷超豪

引 题

目标与方向，是科研成功、院士成才、实现人生价值的首要问题。

目标体现为志向。不虚度年华，不碌碌无为，而立志在某一领域学有所长，业有所专，以自己的绵薄之力报效祖国和人民，这才是有意义、有价值的人生。

目标展示为胸怀。不从自我出发，不为一己之利，一切服从国家、民族和人民的需要，忘我拼搏，无私奉献，这才是科学家应有的品格和节操。

方向取决于眼光。没有超前意识，缺乏世界眼光，就与远见卓识无缘了，也不可能科学地选择科研方向和坚定地踏上正确路径。

方向受制于标准。只有坚持高标准、严要求，才能树雄心、立壮志，反骄破满，不断超越自我，从而向着新的高度、深度、广度和精度进军。

中国科学院院士 李庆逵

从生产需要中提出课题

在我国,有这样一位中国科学院院士,他系统研究了中国土壤磷、钾元素的状况和磷、钾肥施用效应,为我国磷、钾化学肥料的发展和施用提供了依据;他提出了磷矿粉直接施用技术,在酸性土壤地区及橡胶树施肥中起了重要作用;他提出了碳酸氢铵造粒深施技术,为氮肥的合理施用和提高氮素利用率做出了贡献;他对我国磷矿资源的合理利用及红壤的生成发育、基本特征、开发利用和改良进行了系统论述,在生产上发挥了积极作用。

他就是著名农业化学家、我国土壤分析化学的创始人之一——李庆逵。

李庆逵认识到,土壤学的研究实践性很强。因此,他自觉地从农业生产需要上去选择研究课题,而且特别注重深入实际调查研究,以弄清国情。就拿土壤调查来说,20世纪50年代初,他进行苏北滨海盐土调查,从东台县出发,步行考察到连云港的墟

像院士一样思考
——100位院士思维故事100例

院士小传

李庆逵（1912—2001），农业化学家。浙江宁波人。1932年毕业于复旦大学化学系，1948年获美国伊利诺伊大学农学院哲学博士学位。曾任中国科学院土壤研究所研究员、农业化学研究室主任、副所长、名誉所长，中国土壤学会理事长、顾问，中国农学会副理事长，中国化肥学会副理事长。1955年被选聘为中国科学院院士（学部委员）。我国土壤分析化学的创始人之一。发表研究论文80余篇，并有《土壤分析法》《中国磷矿的农业利用》《中国红壤》等专著出版。

沟，历时4个月，沿途观察植被、采集土样、绘制草图，获得了大量第一手资料。再经室内分析和资料整理，从样品处理、熔化、元素分离到测定，在每一个步骤中学习了许多化学分析原理，也掌握和理解了土壤的化学性质。在此基础上，他将自己扎实的化学理论与滋生万物的土壤科学和我国农业生产实践有机地结合起来，从而取得了一系列重大成果。

20世纪70年代初，我国的碳酸氢铵产量大增，但这一氮肥产品具有挥发严重、利用率低（低于30%）、易吸湿结块、施用不便等缺点。当时李庆逵在农村蹲点，发现了国内上千个小氮肥厂生产的碳酸氢铵损失严重的情况。农业生产的需要，就是科研工作者的攻关方向。于是，李庆逵在总结农民施肥方法的基础上，提出机械造粒的研究课题。他领导研究小组首先在实验室里用手工机械压制成碳酸氢铵粒肥，经过贮存实验，证明粒肥具有不结块、挥发损失小的特点。同时又在几家工厂的协助下，研制成可供化肥厂配套生产碳酸氢铵粒肥的大型造粒机械。之后，在全国许多地方的不同土壤、不同作物上进行碳酸氢铵粒肥的肥效试验和改进施用方法的试验，总结出一套适合水田和旱地施用粒肥的方法，提出了"碳酸氢铵粒肥深施技术"。事实证明，这一技术不但可将氮素利用率增加 1 倍以上，在生产上取得较好的经济效益，而且对环境保护也具有重要意义，深受农民欢迎。

李庆逵在农村蹲点期间，常常看到烈日下农民在田头敲砸碳酸氢铵肥料，氨气熏人刺鼻，影响身体健康不说，施用后还经常引起烧苗，这说明碳酸氢铵挥发损失严重，白白造成浪费。他还看到，有些农民将碳酸氢铵和泥土混在一起使用，这样劳动强度很大；而有些农民为了防止烧苗，施一撮肥料，并将肥料踩到泥土里，或用废纸包成小包塞入秧兜，这样太麻烦，也太费工时。为了帮助农民解决这个劳动强度大、劳动效率低的难题，李庆逵设想从改变碳酸氢铵的物理性状、减少挥发损失着手，将碳酸氢铵压成小块或小球，这样既不会结成大块，也便于施用，从而避免敲砸过程中的损失。于是，他提出了碳酸氢铵粉肥直接机械造粒深施技术，从而使氮素利用率大为提高。既方便了施用，又提高了肥效，在生产上获得了显著的经济效益。

活了 89 岁的李庆逵，晚年在总结自己的科研人生时这样说："从解决生产中的实际问题着手，从生产中发现问题，提出研究课题——这是我从事科学研究的基本立足点，也是我科学思维的精髓。"

中国科学院院士 卢嘉锡

"毛 估"

著名物理化学（结构化学）家、中国科学院院士（学部委员）卢嘉锡，在科研中独创了具有鲜明特色的"毛估"法，令人称奇。

何谓"毛估"法？卢嘉锡这样解释道："科学家不是'算命先生'，不能'预言'自己的研究结果；但茫无头绪地'寻寻觅觅'也是科学工作的大忌。进行科学研究时，我一向比较重视对最终结果的预测，以便从总体上更好地把握研究方向。我习惯把这种预测叫作'毛估'。"

卢嘉锡之所以提出并特别强调"毛估"，与他做学生时出过的一次计算差错有关。1933年他在厦门大学念三年级时，一次考试，其中一个题目特别难，全班就他一个人基本上做出来，可老师只给了他四分之一的分数。他感到很委屈，因为他只是把答案的小数点点错了地方。老师开导他说："假如设计一座桥梁，小数点点错一位可就要出大问题，犯大错误了。今天我扣

第一辑
目标·方向

院士小传

卢嘉锡（1915—2001），物理化学（结构化学）家。出生于福建厦门，籍贯福建龙岩。1934年毕业于厦门大学化学系，1939年获英国伦敦大学物理化学专业哲学博士学位。1945年回国后曾任厦门大学化学系教授、主任，理学院院长、副校长，中国科学院福建物质结构研究所所长，中国科学院院长，全国政协副主席，中国农工民主党中央主席，全国人大常委会副委员长等职务。1955年被选聘为中国科学院院士（学部委员）。1984年后相继当选为欧洲文艺、科学及人文科学院院士，第三世界科学院院士、副院长。长期从事结构化学研究，是我国物理化学学科及结构化学学科领域的奠基人之一。在中国科学院的改革与发展、培养科学技术人才、发展国际学术交流等方面做出了卓越贡献。

你四分之三的分数，就是扣你把小数点点错了地方……"卢嘉锡理解了老师严格要求、从重扣分的一片苦心，再审视自己的错误，发现问题不仅仅出在一时疏忽上，因为他的计算结果在数量级上明显不合理，根本原因在于自己心中对解题的目标没个"谱"。从那以后，不论是考试还是做习题，他总是千方百计地根据题意提出简单而又合理的物理模型，也就是"毛估"一下答案的大致数量级，如果计算的结果超出这个范围，就赶快检查一下计算过程。这种做法，使他有效地克服了因偶然疏忽而引起的差错。

1939年秋，卢嘉锡在英国获得博士学位后，旋即到美国加州理工学院，跟随后来两度获得诺贝尔奖（1954年化学奖和1963年和平奖）的L.鲍林教授学习和从事结构化学研究。卢嘉锡注意到并十分钦佩这位导师所独具的化学直观能力：只要给出某种物质的化学式，他往往能大体上想象出这种物质的分子构型。这无形中"催化"了卢嘉锡那朴素的"毛估"思维，他常常揣摩导师的治学与研究的思维方法，探究导师那非凡想象力的根基与奥秘。他发现那是善于把握事物本质的能力与"毛估"性判断的结果，这一发现引发他更加重视"毛估"方法的训练和提高。

卢嘉锡1945年回国后，一直从事教学和科研工作。他运用"毛估"法，不断取得科研成果。例如，20世纪70年代初，豆科植物共生结瘤菌固氮酶催化的生物固氮作用以及它的化学模拟研究，引起国际上一些生物化学家和化学家的极大兴趣和重视，中国科学院也把它作为重要课题。卢嘉锡和中国科学院福建物质结构研究所的同事们对固氮酶活性中心所可能具备的构型进行了"毛估"，认为理想的固氮酶活性中心结构模型应当是不少于四核的"簇和"型化合物。运用"毛估"的方法使他们在1973年下半年就提出了"网兜状"四核簇的"福州模型Ⅰ"，这是当时国际上发展得最早又是比较成熟的两个结构模型之一（另一个是蔡启瑞教授提出的"厦门模型"），后来他们在此基础上又发展出"福州模型Ⅱ"。后来的事实证明，他们提出的"毛估"模型有相当大的合理成分。再如，"性能敏感"结构是卢嘉锡他们在新技术晶体材料科学方面提出的一种观点。据说一位美国同行据此估计锂硼砂有可能是一个优质倍频晶体，可是这位美国朋友费了不少力气培养出单晶之后，却发现它的倍频作用并不理想，因而向我国的一位研究人员请教。这位研究人员回答说根据他早些时候进行的理论计算，硼砂阴离子不可能是优质倍频基团。当这位同事向卢嘉锡介绍这个故事时，卢嘉锡当即微笑着告诉他，这其实用不着进行什么复杂的计算，只要从结构化学的角度"毛估"一下就可以非常直观地看出问题所在了。

谈到"毛估"法，卢嘉锡说："这是我长期从事科学研究工作积累起来的一点体会。我想寄语青年一代科学工作者——**当你**

第一辑
目标·方向

捕捉到一个有价值的研究课题却在工作开展后把握不住方向时,当你在探索真理的汪洋大海中感到茫然不知所措时,当你下狠心攻克某个科学难关而又难以攻下时,请回头探讨一下你的'目标模型',问问自己是否已建立起一个相当合理的模型。最后,我想与大家共勉的还是那句老话——'毛估比不估好'!"

中国科学院院士 谢希德

明智的选择

著名物理学家、中国科学院院士（学部委员）谢希德一生有两个研究领域，前期是半导体物理，"文革"后转为表面物理。对于她的改变研究方向，美国著名物理学家 Walter Kohn 教授评论道："谢希德教授做出了明智的选择，在复旦大学开展表面物理的研究。"

1958 年，谢希德任复旦大学固体物理教研室主任，同时参与负责筹建中国科学院上海技术物理研究所，并兼任副所长。这时候，她发现在自己一直密切关注的半导体领域，国外的研究方向已从锗转向了对硅的性能研究。她当即追踪分析，进一步研究之后马上采取了果断的行动。先是在 1962 年国家科学研究规划会议上，与黄昆教授联名提出建议，要求在我国及时开展固体能谱研究。这项基础理论的研究将直接关系到新材料的开发应用，鉴于它在当时所具有的广阔发展前景，这个项目很快便被列入国家

第一辑
目标·方向

院士小传

谢希德（1921—2000），女，物理学家。福建泉州人。1946年毕业于厦门大学，1951年获美国麻省理工学院物理系哲学博士。1952年回国后历任复旦大学物理系讲师、副教授、教授，副校长、校长。1980年当选为中国科学院院士（学部委员）。1988年被选为第三世界科学院院士。1991年被选为美国文理科学院外国院士。主要从事半导体物理和表面物理的理论研究，是中国这两方面科学研究的主要倡导者和组织者之一。

重点科研项目。谢希德接过这一项目便率领同事们积极开始工作，然而这个项目还是由于"文革"而令人痛心地中途夭折了。

"文革"后，迎来了科学的春天。通过查阅、分析大量专业文献和尽可能搜集到的最新资料后，谢希德和许多物理学家一起察觉到十几年来清洁半导体和金属表面及界面问题的发展已涉及多门学科，一门介于表面物理、表面化学和材料科学之间的边缘学科——表面科学已在形成之中。在固体物理学领域，她和同事们发现了表面物理这片有待于开发的"原始森林"，它将可能对钢材的耐腐蚀、新能源的开发、新材料工业、半导体器件工艺的改造和催化等方面的发展产生举足轻重的影响。于是，在1977年11月的全国自然科学规划会议上，她代表许多人的意见，以令人信服的材料，提出了填补我国表面科学空白，及时发展表面科学的合理建议，立即得到与会专家的一致赞同。不久，复旦大学以表面物理为研究重点的现代物理研究所正式成立。继之，其他许多单位也开展了这方面的研究，国内表面科学的研究由此而渐成规模。

谢希德后来总结说："在我的学术经历中，思维特点是始终不安于现状,不断开拓进取,把握发展时机,及时开辟新的领域。我认为,成就和荣誉创之艰辛,应当珍惜,但不能成为包袱,**科学研究真正需要的是发展思维、发展远见和始终一贯的发展勇气,这是成功的真正动力所在。**发展即是开拓,即是不避艰难险阻、坚韧不拔投入其中的创造,即是长盛不衰的持久的学术生命力。"

谢希德的总结十分精辟到位。她之所以能在半导体物理和表面物理之间做出明智的选择,根源就在于此。

中国科学院院士

徐僖

摔名片的深处

知识分子大都是温文尔雅、彬彬有礼的,然而在著名高分子材料专家、中国科学院院士(学部委员)徐僖身上,却发生过当众摔别人名片的事。粗鲁吗?不,当你了解事情的原委后,你不但会对他予以深深的理解,还会生出深深的敬意。

徐僖永远忘不了上初中时的一幕:一位同学的家长在出席学校召开的家长座谈会时随地吐了一口痰,便被洋人校长一拳打倒在地。当时他感到心痛,事后毅然陪同那位同学一起转到其他学校就读。徐僖1944年从浙江大学化学系毕业后出国留学,1948年获美国理海大学科学硕士学位。1949年新中国诞生前夕,他看到久遭战争灾难之苦的祖国已露出和平安康的晨曦,便迫不及待地回到祖国,投入新中国建设的行列。徐僖认为,"身为中国人,永远不能背离祖国,要为她工作,使她早日富强起来"。他回国后先后在上海交通大学、成都科技大学、高分子材料工程国

院士小传

徐僖（1921—2013），江苏南京人，高分子材料学家。1944年毕业于浙江大学化学系，1948年获美国理海大学科学硕士学位。曾任上海交通大学高分子材料研究所所长，成都科技大学高分子研究所所长，高分子材料工程国家重点实验室和国家阻燃材料专业实验室学术委员会主任。1991年当选为中国科学院院士（学部委员）。我国最早从事高分子材料教学、科研的学者之一，我国高校高分子材料（塑料）专业的创始人。先后发表研究论文200余篇，出版著作、译著4种。2003年，获得第三届四川省科技杰出贡献奖。

家重点实验室和国家阻燃材料专业实验室从事教学科研。50余年来，他总是用自己的亲身经历勉励学生要爱国、爱民、求真、务实，并教育学生：**"要做学问，首先要学会做人，决不能弄虚作假，欺善怕恶。我们一定要为祖国争光，清白做人，明白做事。"**

1990年，徐僖出国参加一个学术会议。一位外国教授在宴会席上毕恭毕敬地对周围的人发放名片，但走到徐僖面前时，他看也不看徐僖一眼，扔下名片转身就走。徐僖十分生气，站起身来将对方的名片摔到地上。这位外国教授自知失礼，慌忙拾起来恭恭敬敬地再递给徐僖。事后徐僖说："我认为，这可不是对我个人尊重不尊重的问题，而是对我们中国人的蔑视，我必须争这口气！"

1991年10月，徐僖主持了在上海举行的国际聚合物加工学会亚澳地区会议。本来，这次会议的地点是该学会执委会早在1989年4月就决定的，不料1990年4月在法国尼斯举行的PPS执委会期间，一些不友好人士出于政治目的，企图取消1991年在中国举行的国际会议。徐僖感到很气愤，当场列举了大量事实进行反驳，对某些人的傲慢无礼予以"回敬"。他的发言赢得了大多数与会执委的信服，他对祖国的挚爱也博得了许多与会者的敬佩。执委会终于决定会议地点不变。这次在上海举行的会议不仅有大批亚澳地区的学者参加，还引来了北美和西欧的一些知名科学家出席。国内外专家一致评价这次会议开得非常成功。

在内心深处强烈的为国争光思想的驱使下，徐僖教学科研颇有建树。他是我国最早从事高分子材料教学、科研的学者之一，撰著了我国第一本高分子专业教科书《高分子化学原理》，被誉为"中国塑料之父"。他长期从事高分子力化学、高分子材料结构与性能、高分子材料成型基础理论等方面的研究，在高分子超声降解和共聚、高分子氢键复合、高分子共混材料的形态和性能等领域做出了贡献，在国内外高分子学术界享有较高声誉。

徐僖不愧为一名具有强烈民族自尊心和浓厚爱国情怀的科学家。他掷地有声地说："**我们这一代科学家的科研动机、科研思维方式方法与炽热的爱国之心是密不可分的。**"

中国科学院院士 王补宣

学科交叉觅新奇

"工作变动频繁,跨越行业众多,科研领域广阔",这是对中国科学院院士、著名热工学家王补宣教授50多年教学与科研经历的精当概括。

王补宣先在清华大学机械系任教,后来到动力机械系和工程力学系。"文革"前后,更是像走马灯一般从动力系到化工系,又转到电力系,为工程物理系开设核热工基础课,最后来到热能系。科研工作从热能动力工程、能量转换、建筑保温与节能、化工设备,到青藏铁路冻土路基研究,简直像"万金油"一样来回转。对此,许多人感到不理解,他的回答却是:万变不离其宗。

王补宣的这个回答,不仅道出了一个科学机理——由于能的耗散不可避免地转化为热,"热工"是工程科学中基本的一环,不同行业都会碰到热的问题;而且道出了一个思维原则和心得体会——注重学科交叉,在交叉中觅出新奇,求得突破。

第一辑
目标·方向

院士小传

王补宣（1922—2019），热工学、传热传质学、工程热力学家。江苏无锡人。1943年毕业于西南联合大学工学院。1949年获美国普渡大学硕士学位。曾任清华大学热能工程与热物理研究所所长、教授。1980年当选为中国科学院院士（学部委员）。我国最早建立的清华大学热物理专业的创办者。1981年创建国际太阳能学会中国分组，并担任主席。1986年获得世界能源理事会颁发的能源为人类服务奖。1998年获得何梁何利基金科学与技术进步奖。

20世纪50年代，王补宣在建筑、冶金、动力等工业第一线参加劳动实践和科技服务时，发现许多与热有关的问题，注意到保温与节能的重要，由此提出研究保温材料性能和热经济性问题，还由此发展出导热系数与热流测试技术与仪器，为我国热工测试技术做出了贡献。60年代，他步入化工行业，在组织教研室和指导研究生参与四川化工厂氨合成塔技术改造中，牢牢地把握住热质传递本质，从强化传热传质和减小流动阻力入手，成功地应用热工学理论解决了化工生产的实际问题，使单塔日产量翻番，达到世界先进水平，被列为1966年国务院100项重大成果之一。60年代末70年代初，他受命到清华大学化工系筹建化工设备专业，以适应石油化工事业的发展需要。他常常一大早就背起小书包出发，去北京多家工厂调查研究，晚上回来后整理、思考、写报告。在思考和整理心得笔记中，他坚持一点：认真思考自己专业的发展，不断提炼不同专业学科中的热工学课题。这在当时显得极不合时宜，但正是这些宝贵的第一手资料和研究成果，成为他荣获1987年首届国家教委优秀教材一等奖的专著《工程传热传质学》的重要内容。80年代，他从对地下水污染处理、农作物与水土保持等研究中，逐步认识到多孔介质热质传递现象是这些问题中一个物理过程十分复杂的具有共性的研究方向，是形成交叉学科的一个潜在生长点。国际上对这种众多因素影响的程度远未达成共识，因而这一交叉点可能大有作为。于是他开始组织队伍，从测试技术和热湿迁移特性开始，到考虑受迫内流、具有均匀和非均匀热源等进行了全方位研究，连续取得阶段性成果，受到国际同行的高度评价。进入 90 年代后，他又将这一研究方向进一步拓宽，与现代新型材料工艺、环境科学、生物医学工程等相互渗透，产生了工程热物理学科新的前沿和热点，赋予传统的热工学科以新的内容和活力。

王补宣在把热工学不断与其他学科领域交叉推进的同时，注意引进、移植不同学科的理论、概念、方法、实验技术与测试手段，用于热工教学与热现象和过程的研究。比如，80 年代末 90 年代初，他在生物医学传热研究中把光纤作为热源，创造了合理监控而使激光-血卟啉治疗癌症的光动力学方法，充分发挥热疗法辅助作用，取得了很好的效果，也使我国生物传热与生物热力学在理论上和基础测试技术上有了新的突破。

回顾自己走过的教学与科研之路，王补宣总结说："在我过去数十年的教学和科研中，无论在理论方面还是实验技术方面，总可以看到这样一个特点，**新颖的前沿性的研究方向都来源于学科交叉，突破点也往往可以看到思想方法、技术路线和实验手段上借鉴和移植的特点。**"也就是说，他是从学科交叉中觅得新奇的。

中国科学院院士 邹承鲁

科研选题三原则

如果要请教 1980 年当选为中国科学院院士（学部委员）的邹承鲁，怎样选择科研课题？他的回答是：必须遵循三个原则。

一是重要性。邹承鲁认为，重要性，是课题选择的首要问题。科研贵在创新，没有创新性也就无所谓重要性。在考虑课题的创新性时，必须运用计算机，先进行仔细检索，以确认是在世界范围内没有报道过的，简单重复前人的结果不是科学研究。他说："**一个高层次的创新是指学术思想上的创新。对重要性的考虑首先是对本学科领域今后发展的可能影响，影响的面越大，重要性越大**。一个新思想有时能开辟一个全新的研究系列，甚至全新的研究领域，即所谓开创性研究。"

二是可能性。邹承鲁认为，在确定了一个研究课题的重要性之后，还要着重考虑课题设想是否与现有的知识相矛盾。开题前进行文献查阅，要遵照辩证法，既要查阅前人是否已经报道过类

像院士一样思考
——100位院士思维故事100例

院士小传

邹承鲁（1923—2006），生物化学家。出生于山东青岛，籍贯江苏无锡。1945年西南联合大学化学系毕业。1951年在英国剑桥大学获生物化学博士学位。曾任中国科学院生物化学研究所和生物物理研究所副研究员、研究员，生物大分子国家重点实验室主任，美国哈佛大学访问教授，美国国立健康研究所Fogarty研究员。1980年当选为中国科学院院士（学部委员）。第三世界科学院院士。发表论文200余篇。获国家自然科学奖一等奖4项、国家自然科学奖二等奖4项、中国科学院科技进步奖一等奖1项、第三世界科学院生物奖1项、何梁何利基金科学与技术进步奖等。

似结果，也要查阅是否与前人已有的结论相矛盾。需要明白，与前人的结论矛盾有时不是坏事，纠正前人的错误也是一种创新。在文献查阅中，要全面掌握所有报道，特别是严肃对待文献中的反面报道，既不可盲目轻信，也不可掉以轻心。他说："科学有其连续性，所有的创新都必然建立在前人成果的基础之上。从前人成功的结果吸取经验，从前人失败的结果吸取教训，才能超越前人，取得成功。学术思想上的创新和继承是一个矛盾的对立统一，只有充分掌握了前人成果才谈得上创新，否则只不过是无知而已。牛顿说得好：我看得更远是因为我站在巨人的肩膀上。"

三是现实性。邹承鲁认为，有了一个重要的课题设想，而且在现有条件下看来实现新设想也是可能的，这还不等于已经提出了一个很好的研究课题，还不足以开始进行研究。还必须有一个既是现实可行的，又是可望成功的研究方案。他说："没有一个现实可行的实施方案，任何设想都是空想。所谓现实可行的实施方案，是指所包含的全部实验方法都是已知的，或经过努力可以做到的，并且按方案进行，在一般情况下是可望成功的。"

第一辑
目标·方向

邹承鲁特别强调，在有多个研究课题可供选择时，应该综合考虑研究课题的重要性、可能性和现实性。"在当前国际科学界竞争剧烈的情况下，通常很难找到意义重大而又简便易行的课题，任何重要设想的实现，都要付出艰苦的努力。"

结晶牛胰岛素的人工全合成是我国科学史上的一项重大成就，邹承鲁参加了这一课题的提出和研究工作。就重要性而言，蛋白质人工合成的重要性不言而喻。因为蛋白质是生命活动的主要承担者，一切生命活动都离不开蛋白质的参与。从总体上看，人工合成或改造生命在世界范围内还没有提上日程，但是总有一天，也许在21世纪的某一时期，人们终究会更加充分地认识到这一成就对自然科学，对人们认识世界和改造世界的深刻影响。因此，这一研究课题一经提出，立即得到广泛的赞同，这不仅是由于它的重要性，同时也因为它的大胆创新性和现实性。邹承鲁他们经过详细的文献调查，发现在当时，蛋白质的人工合成不仅没有人尝试过，甚至还没有人提出过。而且，这一课题的提出，在当时也是现实的。那时候，胰岛素一级序列的测定工作刚刚由英国F.Sanger完成不久，为此他获得了诺贝尔奖。今天多肽合成已经可以用仪器自动进行，但是那个时候，蛋白质的合成，哪怕是像胰岛素这样一个小蛋白，也是件令人生畏的事。世界上首例多肽合成是国外在1953年完成的，到1958年，人工合成的最长的肽段还只是促肾上腺皮质激素的一个片段。但无论如何，从实验上人工合成一个蛋白质，虽然任务艰巨，已经是可能做到的了。在他们开始工作不久，他们就得知德国和美国的两个研究组，也已经开始进行类似的工作。

确立了科研方向和正确路径，再经过一番艰苦努力，1965年9月17日，中国科学家首次用人工方法合成了结晶牛胰岛素。消息一发布，在世界上引起了巨大轰动。

中国科学院院士 谷超豪

把国家急需作为研究方向

提起著名数学家、中国科学院院士（学部委员）谷超豪把国家急需放在第一位，中途改变研究方向的故事，人们都由衷地充满了敬意。

谷超豪1948年从浙江大学数学系毕业后，留校任著名数学家苏步青教授的助教。一天，苏教授在课堂上提到，在"一般空间微分几何"中，有关"K展空间"的子空间理论尚未建立。这激发了谷超豪强烈的创新愿望，他努力思考这个问题，决心在这上面有所成就。由于长时间钻进去思考，最后竟出现了这样的奇迹：一天睡觉时，灵感突然将他唤醒，一个新的方法进入他的构思，经过连续几天的复杂计算，他竟然成功了！

正当谷超豪以微分几何方面的成就成为一颗冉冉上升的数学明星时，谁都没有想到，他提出改变研究方向，一切从零开始！

1957年，苏联人造卫星上天，震惊了全世界。正在苏联莫斯

第一辑
目标·方向

院士小传

谷超豪（1926—2012），数学家。浙江温州人。1948年毕业于浙江大学数学系，1959年获苏联莫斯科大学物理—数学科学博士学位。曾任复旦大学教授、副校长，中国科学技术大学校长，温州大学校长。1980年当选为中国科学院院士（学部委员）。1982年获国家自然科学奖二等奖。2002年获上海市首届科技功臣奖。2005年获何梁何利基金科学与技术进步奖。2009年获中国国家最高科学技术奖。

科大学留学的谷超豪，敏锐地看到了空间技术发展对数学提出的新要求。他毅然决定放弃自己专长的微分几何——这一专长将会给他带来更大荣耀，围绕国家需要，走上了开垦偏微分方程这块国内数学领域的处女地的新征程。因为他有远见，相信中国将来也会搞自己的人造卫星。到那时，偏微分方程必将大有用武之地。1959年，谷超豪回到国内，即以机翼的超音速绕流问题为突破口，开始组织人员，向这道难题发起冲击，结果不仅给出了数学证明，还培养出了一些优秀人才。

就谷超豪放弃个人得失，毅然改变研究方向，诺贝尔奖得主杨振宁教授赞扬他"站在高山上往下看，看到了全局"。而谷超豪的学生李大潜院士则感慨地说，谷先生在治学中有一种"多变"的精神。这种"多变"，表现为科学家独特的个人风格和超强的创新能力，实际上却缘于谷超豪强烈的社会责任感——从祖国建设的需要出发，才能不断发现学科创新点；从祖国建设的需要出发，才有源源不断的激情和智慧。

中国工程院院士 程天民

献身精神是动力源泉

"我深切体会到,献身科学事业的精神,应是科技工作者正确思维的思想基础和动力源泉。"

这话出自著名防原医学与病理学家、中国工程院院士程天民之口。

程天民曾任第三军医大学(现陆军军医大学)校长、教授,是我国核试验医学研究的开拓者之一。在荒无人烟的戈壁滩上进行核试验,工作、生活条件十分艰苦,还要冒受到核污染的风险。不少人对第一次参加核试验感到无比振奋和自豪,第二次"还可以",第三次就畏难了。而程天民先后去了14次,每次都认真投入。有人问他这是为什么,他说这是责任感的驱使。

每当核试验时,程天民的主要任务是进行核武器爆炸相关的动物效应(医学研究),有时候蘑菇云尚未消散,就驱车直插爆心,为的是直接快速察看爆区情景。离爆心一定距离内的地面毫

第一辑
目标·方向

院士小传

程天民(1927—),防原医学与病理学家。江苏宜兴人。1951年毕业于第六军医大学。曾任第三军医大学(现陆军军医大学)教授、校长,中华医学会创伤学会名誉主任委员、总后卫生部专家组成员。1996年当选为中国工程院院士。我国核试验医学研究的开拓者之一,曾14次参加核试验,对发展防原医学和战创伤医学做出了重大贡献。获国家科技进步奖一等奖1项、二等奖8项,获全军专业技术重大贡献奖、何梁何利基金科学与技术进步奖,并被评为全国优秀教师和总后勤部"一代名师"。

无防护的动物全部死亡(现场死亡区),往外的动物遭受核武器伤害,距离越近伤害越重,很多严重损伤的动物遍体鳞伤,奄奄一息,惨不忍睹。每当看到这些,程天民心灵深处就受到强烈震撼,他想,如一旦遭受核袭击,那些"伤狗"就是"伤员"啊!将会造成多么严重的杀伤,不研究如何防护、救治,怎么得了!强烈的责任感、使命感,激励着程天民不畏艰险、心无旁骛地献身核防护研究。他以顽强的毅力,度过了戈壁滩酷暑严冬和风暴骤起的艰苦日子。近区动物受中子照射而产生感生放射性而不能消洗,救治和检查这些动物难免会遇到一些射线照射等重重困难和风险,在令人望而生畏的防原医学领域中,程天民艰难跋涉,一步一步向前。

程天民在参加核试验的实践中认识到,核武器有4种杀伤因素,其中复合伤发生较多,伤类杂,伤情重,救治难。日本广岛、长崎的原子弹伤员中,复合伤即占60%~80%。然而,有人说"单一伤都没有搞清楚,复合伤太难,搞不了";也有人说"把放射病的问题搞清楚了,复合伤就迎刃而解,不用搞"。但程天民认为,复合伤因其重要,必须研究;复合伤不同于单一伤,不等于单一伤的简单相加，应该并值得研究。既然别人不研究，我们更应该研究，如果大家都不研究复合伤，那么在全军全国，这一重要领域就会留下缺口。在他的坚持下，第三军医大学（现陆军军医大学）防原医学教研室义无反顾地选择了复合伤研究这一极具特色的研究领域，锲而不舍，不断发展与深入，终于在这一重要领域取得重大成果，达到国际先进水平。

在献身精神鼓舞下，程天民搞防原医学研究的动力取之不竭，成果也累累不断。他主编了我国第一部以本国材料为基础的《核武器损伤及其防护》以及《防原医学》、《创伤战伤病理学》、《军事预防医学概论》等专著，获国家科技进步一等奖1项、国家级教学成果二等奖1项和军队科技进步奖一等奖2项、二等奖8项，并被评为全国优秀教师和总后勤部"一代名师"。

中国科学院院士 欧阳予

十项美德成就人

在我国,有这样一位著名核反应堆及核电工程专家,因其担任中国第一座自行设计建造的核电站——秦山核电站总设计师的经历,总结出了工程项目带头人的十项美德,成为项目带头人的座右铭。他就是中国科学院院士(学部委员)欧阳予。

欧阳予1971年年末来到上海,参与主持秦山核电站的筹备和组建工作。当时从事这项任务的人员来自全国各地有关核工业的科研、设计、制造、建设、运行单位,进行的是史无前例的大"会战"。1974年,周恩来总理在十分困难的处境下,仍然亲自主持会议,批准了我国第一座自建的30万千瓦压水堆核电站的设计和建设方案。

欧阳予作为总设计师,组织全国几十个科研、设计、制造单位进行了多次的专题交流和研讨,拟出了264项科研试验项目和22项旨在提高工厂制造能力和技术的扩建项目,报请国家主管部

院士小传

欧阳予(1927—),核反应堆及核电工程专家。四川乐山人。1948年毕业于武汉大学工学院电机系。1957年在苏联莫斯科动力学院获技术科学博士学位。曾任上海核工程研究设计院核电工程总工程师、副院长,秦山核电站总设计师,中国核工业总公司科技委副主任,连云港核电站总工程师。1991年当选为中国科学院院士(学部委员)。获国家科委重大科技成果奖一等奖、全国最佳工程设计奖、国家科技进步奖特等奖。

门纳入计划,拨给经费。在进行了长达七八年的科研试验、设计研究、分析论证,以及技术培训和工厂技术改造等工作后,才使这项工程于1983年作为国家重点建设项目列入计划,1985年正式动工兴建。

核电站与我国已完成的其他核反应堆工程相比,难度要大得多。把国际上的压水堆核电站的技术难度与我国当时的核技术水平和工业制造能力进行对比,我国的差距更是大得惊人。但是,欧阳予没有退缩。他和设计、制造人员精密计算,精心施工,创新思维,科学管理,克服重重困难,终于获得成功。1991年12月,秦山核电站建成发电,结束了我国大陆无核电的历史。1995年7月通过了国家验收,1997年《秦山核电站的设计与建造》获得国家科技进步特等奖。

建设核电站的技术难度之大和要求之高简直难以想象。比如,秦山核电站仅反应堆、一回路、二回路的主工艺系统就有30多个,再加上与之配套的控制、检测、剂量、通风、空调、净化、供水排水、送电供电、环境保护、核燃料及三废处理等,以及各种安全设施共有系统200多个。其中专用设备5000余台,专用仪表及控制机柜9000多件，阀门10000多个，互相用管线有机连接，组成系统。再如，组织核电站施工，必须编制一系列科学的工作程序和网络计划，把所有参与者组织成一个有效的统一体。国外经验表明，建设一座大中型核电站，项目管理做得好的，可在5年左右时间内建成发电；管理做得不好的，则长达12年。以投资而言，管理好与不好，竟可相差4倍之多。

作为总设计师，历经核电站设计、建造的万千甘苦，欧阳予在秦山核电站完工后，总结出了工程项目带头人必须具备的十项美德。他坚信，恪守这十项美德，必定能成就人。

他的原话是这样说的："概而言之，作为一个科技或工程项目的带头人或技术骨干，既要对项目有丰富的科技知识，也要有进度观念和经济观念，还要有善于抓住关键推进工作的能力；他应该精明强干但不专横，善于与人团结协作，能理解和解决工作协调配合问题；他应当在科技知识、管理能力，以及讲信誉、守信用等个人品格和工作效率等各方面得到同事们的尊敬；他还应有坚韧不拔和吃苦耐劳的美德。"

中国工程院院士 屠基达

人才为本　又红又专

1995年当选为中国工程院院士的屠基达，是我国著名飞机设计师。他一生中参与了15种飞机的修理、仿制、自行设计和改进改型，其中成功主持设计了初教6、歼5甲、歼教5等型号的飞机，是歼7Ⅱ、歼7M型飞机总设计师，人称"歼7之父"。

屠基达矢志航空，与他幼年时的经历有关。1927年出生于浙江绍兴的他，曾目睹日本飞机在中国的天空横行，又是投弹又是射击。这"永生难忘"的记忆，促使他立志"航空救国"。1946年，他考入上海交通大学航空系，1951年毕业后被分配到哈尔滨飞机厂工作，1956年被指名调往沈阳飞机厂飞机设计室，1960年举家入川，调入正在建设中的成都飞机厂。

在飞机设计领域，屠基达是名副其实的实干家，并且硕果累累。新中国第一个自行设计并投入生产的机种是初教6飞机，从设计第一张图纸到原型机上天，只用了72天，而主持设计者正

第一辑

目标·方向

院士小传

屠基达(1927—2011),飞机设计专家。浙江绍兴人。1951年毕业于上海交通大学航空系。曾任沈阳飞机厂飞机设计室机身组组长,成都飞机厂主任设计师,中航工业成飞高级顾问,南京航空航天大学教授、博士生导师,航空工业部科学技术委员会委员、特邀委员、设计顾问组副组长等职。1995年当选为中国工程院院士。参与了15种飞机的修理、仿制、自行设计和改进改型工作,担任初教6、歼5甲、歼教5、歼7Ⅱ、歼7M等五种飞机总设计师。获全国科学大会奖、国家科技进步奖一等奖、国家质量金奖等。

是他。更令屠基达自豪的是,初教6飞机连续生产30余年、累计交付2000余架。中国唯一在国际军机市场上具有竞争力的飞机,是歼7M型飞机,而这款机型的总设计师,也是他。他还主持了歼7几款型号的国际合作,为后来枭龙飞机的发展奠定了坚实的基础。

但是,自从设计定型歼7M型飞机之后,屠基达将很大精力投入航空人才的培养上。他夜以继日地苦干实干,除了撰写教材、讲课、带教学生,还在不同的场合,利用各种讲坛和媒介大声疾呼他的一贯理念:振兴航空,人才为本!

屠基达心目中的人才,最根本的标准是"又红又专"。"又红又专"是属于他们那个时代的词语,用今天的话说,是**既有奉献精神,又有创新能力**。他自己就是"又红又专"的标杆。他在日记中写道:"我没有任何个人打算,一切服从组织安排。只要能造飞机,我愿意到祖国最需要的地方去。"抚今追昔,中国的航空工业正是有了像屠基达这样一批"又红又专"的高精尖人才,才有了昨日的梦想和今日的辉煌。屠基达对记者讲了这样一件往事：

1961年，沈阳某研究所派出20多名技术骨干赴成飞支援，这些人都是屠基达的老同事，但作为东道主的他却拿不出什么慰问品，只能买来一筐胡萝卜当水果在会上招待他们。尽管条件艰苦，但宾主真情如故，甘之如饴，联合攻关取得了累累硕果。

由此，屠基达由衷地感叹，今天多么需要这样"又红又专"的航空人才！

1964年，屠基达带着歼5飞机的设计方案向三机部部长孙志远汇报时，有人从旁介绍说："他姓屠，和苏联著名飞机设计师图波列夫同音。"孙部长高兴地说："好！我们中国要有自己的'图波列夫'！"屠基达经过不懈奋斗，终于成为中国的"图波列夫"。他没有辜负老一辈革命家的期望。

"长江后浪推前浪，世上新人赶旧人。"中国的航空工业战线，如果能不断涌现出一大批年轻的像屠基达（歼7之父）、陆孝彭（强5之父）、顾诵芬（歼8之父）、宋文骢（歼10之父）、杨伟（歼20之父）这样的科技人才和领军人物，那该是一种何等生机勃勃的繁荣景象！

中国科学院院士 马在田

"让专业适合自己"

在专业方向的选择上,遵循什么样的原则?是让自己适合专业,还是让专业适合自己?中国科学院院士(学部委员)、著名地球物理学家马在田的回答是:让专业适合自己。

出身于农民家庭的马在田,对知识充满了渴求,对报国报家充满了憧憬。他于1950年考入东北工学院(现东北大学)时,对于自己选择哪种专业,今后如何发展几乎一无所知,只因为考虑到国家要进行大规模的经济建设了,那就填写建筑系吧!于是,他就到了建筑系学建筑设计。大学一年级,除了学习数学和物理的基础课外,马在田开始学素描,画石膏像,参观学习古建筑物。这下,马在田遇到了麻烦。素描课对他来说非常吃力,往往半天下来,绝大多数同学都已有了较好的轮廓,手快的已经完成,他才只有几笔,最后还是在老师的帮助下才能完成。他痛感自己对形象的观察和思考是力不从心的。到二年级时,开始学建

院士小传

马在田(1930—2011),地球物理学家。辽宁法库人。1952年东北工学院(现东北大学)建筑系肄业。1957年毕业于苏联列宁格勒矿业学院地球物理系。曾任同济大学海洋地质系教授、博士生导师。1991年当选为中国科学院院士(学部委员)。1992年获得全国五一劳动奖章。在反射地震学方法方面提出过许多独创性的原理和实用技术,对发展中国地震勘探事业具有重要作用。

筑物的外形设计,这门课对他来说也不顺手,只是硬着头皮坚持学习。他已经感到,如果这样坚持到毕业,他是不可能成为一名优秀建筑师的。

正在他苦恼之际,机遇来了,学校要在二年级中选送一批人去苏联学习,他被选中。在选择专业时,他总结以往的经验教训,感到自己不适合从事与形象思维关系密切的专业,因此重新选择了天体物理这门比较抽象的专业。但最后分配给他的是地球物理这门专业,具体说是固体地球物理中的勘探地球物理。由于地球物理专业同样比较抽象,他欣然答应了。

正如他对自己的认知和判断一样,在纸上绘制线条、图案他力不从心,而地球物理专业中那些看不见摸不着的磁力线、重力场、地震波和电磁波,他学起来倒得心应手。也就是说,他这个人是善于抽象思维,而弱于形象思维的。最终,他以优异成绩从列宁格勒矿业学院学成回国,后在工作中取得了突出成就。

他在反射地震方法方面提出过许多独创性的原理和实用技术,对发展中国地震勘探事业具有重要作用。20世纪50年代至60年代,他提出以"突出地震反射标准层方法"为代表的一系列地震数据处理方法，为华北盆地迅速找到油田发挥了重要作用。70 年代，他作为中国最大的地球物理计算中心的方法程序研究室负责人，领导和参与了创建中国大型计算机地震勘探处理系统的工作。80 年代，他着重进行地震偏移成像和三维地震勘探方法的研究，在偏移成像原理和方法的研究方面取得重大成果，并受到国外地球物理界的重视。

马在田总结自己走过的道路，深有感触地说："（我）后来在工作中能够做出一些成绩，应该说主要得益于选择了适合自己的思维方式的专业。一个人根据自己的思维特长选择自己的工作，根据自己从少年开始已经基本形成的思维方式和个性特点来规划未来的事业是非常重要的，而不应当去赶浪头，就像现在大家一窝蜂地选择财经、外贸、信息、计算机专业。也许哲学家认为，在一个人身上这两种思维都是存在的，但这与我认为自己更善于抽象思维并不矛盾。"

中国科学院院士 唐孝威

学科交叉开新域

1960年便投身"两弹一星"研制的中国科学院院士（学部委员）唐孝威，后来提出了一个崭新的学术观点："不要受狭窄的专业分工所限制，应该自由思考，积极进行学科交叉的研究，不断开拓新领域。"

作为我国著名的实验物理学家，唐孝威的科研领域既深且广。20世纪50年代，他研制核辐射探测器。60年代，他参加中国原子弹、氢弹研制及试验。70年代，他进行卫星空间辐射测量。80年代，他参加L3合作实验，证实存在三代中微子。90年代，他从事脑科学和核医学领域的研究工作。他的一条基本经验，就是在做物理学课题研究时，十分留意相关领域学科发展的动向，通过交叉研究促进本学科及相关学科的发展。

比如，团簇科学是一门新兴的交叉学科，它涉及量子化学、天体物理、生命科学、材料科学和纳米技术等领域，是一个富有

第一辑
目标·方向

院士小传

唐孝威（1931—　），实验物理学家。出生于江苏无锡，籍贯江苏太仓。1952年毕业于清华大学物理系。曾任中国科学院高能物理研究所研究员，中国科技大学脑科学研究中心主任，以及中国科学技术大学、北京大学、南京大学、浙江大学教授。1980年当选为中国科学院院士（学部委员）。主要从事原子核物理、高能实验物理、生物物理学与其他学科交叉领域等方面的研究。曾参加研制核辐射探测器及中国原子弹、氢弹研究及试验，做出重要贡献。

生命力的学科生长点。唐孝威注意到团簇科学的重要性，便积极推动国内有关单位开展这方面的研究。1991年，他去上海、南京、合肥，与复旦大学、上海光学精密机械研究所、南京大学、中国科学技术大学等单位的科研人员商讨合作研究事宜，并联合向国家自然科学基金委员会申请"原子、分子团簇的形成机理及其特性"研究项目，开展了原子团簇的实验和理论研究。

再比如，关于粒子与固体相互作用的实验研究，是唐孝威院士在凝聚态物理领域中的一项工作。这个研究课题与材料科学有关，而离子轰击又与核技术有关，因此是材料科学和核技术交叉的课题。他决定用我国自己研制的扫描隧道显微镜和原子力显微镜来进行实验。他把实验得到的样品寄到德国，请外国同事用GSI加速器的每核子能量13.4兆电子伏的金离子照射样品后再寄回国内。他与合作者指导研究生观察样品，看到了固体表面单个离子辐射损伤，还观测到高能重离子辐射损伤区中存在局部有规律的原子排列。他们在国际会议上报告了实验结果，并在专业刊物上发表了论文。其后，他建议北京大学的物理学家用扫描隧道显微镜做低能重离子辐射损伤的实验，结果观察到在辐射损伤区附近存在多种形式的超结构现象。

此外，关于核医学的研究更能说明问题。唐孝威认为，生命科学、医学与物理科学的一些研究手段相结合，将对生命科学、医学的研究产生极大推动作用，而且可能会有重大突破，对人类的健康也将会有重大贡献。从20世纪80年代中期起，他怀着极大的兴趣，开始进行物理学与生物学、医学的交叉研究，先后在三个领域中开展工作，即从细胞和分子方面进行物理学和生物学的交叉研究，从脑功能成像等方面进行物理学和心理学交叉研究，从核医学方面进行物理学和医学的交叉研究。90年代初期，国家科委确定了攀登计划项目"核医学和放射治疗中先进技术的基础研究"，并请他担任首席科学家。这个时候，唐孝威的注意力，转移到了自然界中最复杂的物质、最复杂的运动形式——人的大脑和大脑的高级活动。

唐孝威面前的科研领域十分广阔，而这正是他注重知识迁移，善于跨学科选择课题的结果。

中国科学院院士 刘宝珺

善取"他山之石"

"他山之石,可以攻玉。"深谙此理并善于运用的,是原地质矿产部成都地质矿产研究所所长、中国科学院院士刘宝珺。

从年轻时候起,刘宝珺就十分注意从其他学科或是国内外新理论和新成果中吸取养料,为此他刻苦掌握了英、日、德、俄四门外语,打下扎实的外语功底。天天查阅资料,浏览国内外最新地质矿产动态,成了他的习惯。20世纪70年代初,他在云南野外工作期间,尽管白天的野外活动十分辛苦,但并未打断他的学习习惯。他总是每天早晨5点钟起床,查阅两小时资料后再去野外。这样,由于大量地占有科研资料,对当今世界科技最新发展了如指掌,他的研究不但起点高,而且处于主动地位。

一次,刘宝珺从一份资料中看到了60年代初美国的一些沉积学者与水利工程学家进行学术交流的情况。过去,地质学家一直根据沉积岩留下的痕迹(底形)来推断水面的波纹、流速等,

像院士一样思考
——100位院士思维故事100例

院士小传

刘宝珺（1931— ），地质学家。天津人。1950—1952年就读于清华大学地质系，1956年毕业于北京地质学院研究生班。曾任北京地质学院、成都地质学院教授、博士生导师，地质矿产部成都地质矿产研究所所长、研究员，中国地质学会常务理事，中国沉积学家协会副理事长。1991年当选为中国科学院院士（学部委员）。1986年国家科委授予"国家级有突出贡献的中青年专家"称号。

因而只能靠推断臆测对古环境做出解释。水利工程中的泥沙运动力学研究的是泥沙底形的表面形态；沉积学研究的是随着时间的推移，移动的底形经过沉积岩内部留下的层理形象。这篇文章引起了刘宝珺的高度重视，他想：把泥沙运动力学中的某些规律性认识和方法引入沉积学，无疑具有重大意义。70年代初，中国还处于十分封闭的状态，这篇文章无疑是给我国沉寂多年的沉积学研究领域注入了一股清新之风。刘宝珺联系自己到野外实际工作中遇到的关于滇中砂岩铜矿的围岩到底是河流相还是湖泊相的问题，认为把沉积学和泥沙运动力学的理论与实验方法相结合，可以做出最符合科学规律的解释。按照这一思路，通过在实验室里以水槽实验对泥沙形态进行模拟研究，又把这种研究置于野外实践中检验，终于获得了正确的解释。

就在刘宝珺运用沉积动力学时，沉积动力学作为一种新理论在美国刚刚被提出来。刘宝珺凭他的科学敏感性，认识到这一新理论具有极大的推广价值。于是，他发表了多篇论文，并在石油、地质、冶金、煤炭系统，以及一些大专院校的专业人员学习班上做了数十次主讲报告，对于推广、促进我国沉积动力学和岩相古

第一辑
目标·方向

地理的研究起了重要作用。

还有一次,刘宝珺从一份资料中看到,一些美国科学家对波斯湾干旱地区所做的调查,发现盐碱地里含金属,从而导致了"萨勃哈成矿模式"的提出。由此,他联想到野外工作中发现的问题,受到很大启发。他开始考虑:为什么含铜砂岩在河流相内?为什么铅锌矿在生物礁里?为什么这种岩相能控制成矿?通过对沉积成岩作用的深入研究,他首先提出了沉积期后分异作用的理论,以后通过岩相控矿、沉积成岩成矿等方面的进一步研究,又提出了地层、岩相、构造与物理化学环境的综合成矿、控矿原理,促进了我国在岩相控矿方面的研究。

刘宝珺的科研成果,对我国找矿意义重大。1989年,刘宝珺获李四光地质科学奖。1991年,刘宝珺当选为中国科学院院士(学部委员)。1996年,刘宝珺获国际地学最高奖斯潘迪亚罗夫奖。1997年,刘宝珺被评为全国优秀科技工作者。

回顾自己的科研历程,刘宝珺的体会是:**"科学工作者一定要大量地占有科研资料,了解当今世界科技最新动态和成果,使自己的研究始终处于较高的起点。**同时,在引进外国理论、经验的同时,更要处理好'引进、吸收、创造'的关系,**要善于取'他山之石',攻为我们所用之'玉'。"**

中国工程院院士 徐滨士

惊人数字定终身

不要以为数字是枯燥无味的，一个惊人数字，可以确定一个人毕生的科研追求，促使结出丰硕的科研成果，从而成为闻名遐迩、为国家和军队做出重大贡献的科学家。

故事发生在中国工程院院士徐滨士身上。

1954年，徐滨士从哈尔滨工业大学毕业，服从国家需要调到哈尔滨军事工程学院装甲兵工程系，从事坦克维修专业的教学工作。一开始，他对这一工作的重要性认识不足，认为只有搞设计、制造才是高水平，才大有作为，而维修，不过是"修修补补""敲敲打打"的"小儿科"，没有多大"出息"，不想干。后来有两件事和一组数字，对他震动很大。一件事是：他给苏联坦克维修专家当翻译时得知，苏联坦克、机械化维修部门在卫国战争中抢修了43万辆坦克和装甲车辆，相当于苏联战时最高年产量的15倍。这对于保证装甲部队的持续战斗力，战胜德国法西斯起到了举足

第一辑
目标·方向

院士小传

徐滨士（1931—2023），维修工程、表面工程和再制造工程专家。出生于黑龙江哈尔滨，籍贯山东招远。1954 年毕业于哈尔滨工业大学机械制造与焊接专业，曾任中国人民解放军装甲兵工程学院副院长，少将军衔。1995 年当选为中国工程院院士，波兰科学院外籍院士。被授予国际热处理与表面工程联合会最高学术成就奖，在他之前全世界仅 5 人获此殊荣。

轻重的作用。后来，他从一份材料中看到，第四次中东战争中，参战坦克数量多，损伤率高，但以色列军队快速修复能力强，损伤坦克的修复率高达 86%。而埃及、叙利亚军队快速抢修能力差，修复率只达到 34%，结果以军很快摆脱了战争中的被动局面，战胜了埃、叙军队。另一件事是：他下部队调查时，看到由于维修设备和技术落后，许多局部磨损的坦克零件不能修复，整个部件只好报废，既造成很大浪费，又严重影响正常训练和战备任务的完成，干部战士急得团团转。这两件事，尤其是这组数字，使徐滨士的心情久久不能平静，他深感维修工作无论在战时还是平时，都极为重要。于是暗下决心：一定要用所学的知识改变部队维修技术的落后状况。从此，他抛弃了原先的模糊认识，选择了机械维修专业作为自己毕生奋斗的事业。

在定下自己科研目标的 50 多年里，徐滨士心无旁骛地奋斗不止，终于取得了一系列重大成果：成功研究出新型装甲材料及振动电弧堆焊技术、装甲钢低温焊修技术；在国内首次大规模地将等离子喷涂技术应用于装甲车辆薄壁磨损零件的修复，并建立了等离子喷涂工艺参数优化数学模型；系统研究开发了电刷镀设备、镀液和工艺；发明了双相自强化合金，提高了坦克扭力轴的耐磨性和寿命，并进而研究了坦克履带板换代材料，取得了具有国际领先水平的成果；设计出了新型高速电弧喷涂枪，研制出新型涂层材料，攻克大型舰船钢结构在海水中的腐蚀和电厂锅炉管道热腐蚀难关；等等。

一组惊人数字让徐滨士定下毕生的科研追求，又促使他创造出一组组新的惊人数字。比如，损坏了的装备，经过维修可以重新投入使用，甚至可以超过新的。对此有人不理解，他讲了这样一个道理：我们都知道，新产品在先，修理在后，这里面有个时间差。正是这个时间差，修复的新技术、新材料、新工艺出来了，把这些新东西集中用在修理上，岂不是完全有可能做到修过的超过新的吗？这不是什么神话，而是科技发展的必然趋势嘛！某型坦克的"离合器星形框架"这个零部件，新出厂的跑4000公里就坏，经过徐滨士团队用他们发明的等离子喷涂技术修理后，还可以跑12000多公里，而修理只消耗0.25公斤粉末，成本只有新产品的1/10。所以，徐滨士走到哪里讲到哪里："维修也是战斗力。"

中国科学院院士 张贵田

用战略的眼光把握新方向

在 1985 年召开的中国宇航学会代表大会上,一项事关液体火箭发动机发展方向的重大建议,即发展液氧/煤油发动机的建议提了出来,引起与会专家们的热烈反响。

提出这一战略性建议的,是 1961 年毕业于苏联莫斯科航空学院、一直从事航天火箭发动机技术研究的张贵田研究员。张贵田经过长期反复思索,认为研制液氧/煤油发动机是一个新方向,必须予以重视。他的主要根据有三:第一,它符合我国国情,因为这种新发动机的燃料——煤油在我国资源相当丰富,价格又便宜;第二,推进剂无毒,对环境无污染,这是今天发展航天事业必须考虑的;第三,研制液氧/煤油发动机要碰到很多新课题、新材料、新工艺、新设备、新测试手段等,这就势必带动不少相关学科的发展。

然而,他的建议却引起了专家们的热烈争论,有的明确持反

院士小传

张贵田（1931— ），液体火箭发动机专家。河北藁城人。1961年毕业于苏联莫斯科航空学院。曾任中国航天总公司科技委副主任、航天工业总公司067基地研究员、中国宇航学会常务理事。1995年当选为中国工程院院士。2002年当选为国际宇航科学院院士、国际欧亚科学院院士。

对意见。一时众说纷纭，相持不下。

既然认准了战略方向，张贵田就不会轻言放弃。第二年，他又向航天部的领导提出建议，并在多种场合执着地做宣传解释工作。两年后，张贵田开始进行国家"863计划"液氧／烃推进剂的预研。对液氧／煤油、液氧／甲烷、液氧／丙烷发动机进行了研究性的试验，数次点火试验的结果都很好。这进一步给了他信心。从1990年开始，在航空航天部和国防科工委的支持下，张贵田和同事们开展了液氧／煤油高压补燃发动机的关键技术攻关，历经"八年抗战"，1998年终于取得了涡轮泵联试的圆满成功，提前两年完成了关键技术的攻关任务。这一成果得到了众多航天专家的高度评价，液氧／煤油高压补燃发动机技术作为航天动力今后发展的方向，终于得到大家的一致认可。争论消失了。

新的液氧／煤油发动机的研制成功，使我国的航天动力装置在技术上迈进了一大步。

对此，张贵田感慨万千。他总结说："为实现这一愿望和目标，我经历了十几年的奋斗，可谓'十年磨一剑'。放眼世界来看，美国、法国等也都认识到液氧／煤油高压补燃技术的先进性，开始引进和研究液氧／煤油高压补燃发动机。所以我们必须有责任感和紧迫感，为保持航天高技术的发展势头，尽快把我国自行研制的液氧／煤油高压补燃发动机搞出来，使航天动力装置技术上一个新台阶，同时在这项开拓性的事业中锻炼、培养一批年轻人。"还说，"作为一个科技工作者，在对技术的发展趋势和方向性的问题上，必须有自己敏锐而深刻的理解和认识，根据这种认识进行课题和项目的选择，只要适合中国的国情，只要有利于事业的发展，就要尊重科学规律，敢于坚持。同时要在准确把握技术发展方向的基础上苦干、拼命干，要有不达目的决不罢休的精神。"

善于用战略眼光把握科研新方向的张贵田，终于在他提出引起争论的建议十年之后，当选为中国科学院院士。

中国科学院院士 朱兆良

看资料主要是看思路

著名土壤学家、中国科学院院士朱兆良,长期以来养成了定期到阅览室查阅最新资料的习惯。不管工作多么忙,都坚持不懈,因此他对世界上各种最新的相关研究结果都十分清楚,从而使他的研究工作始终立于最新的研究基点之上。不仅如此,他在各种资料的整理与利用中,突出的特点是保持自己的独立见解,绝不人云亦云。

怎样利用资料?看资料主要看什么?朱兆良深有体会地说:"**看资料主要看别人的思路和方法,从中得到启发,然后在形成自己思路的基础上,再去看别人的结果**。这样别人的结果便为自己的思路提供了资料,并往往使自己得到与他人的意图不同的结论,他人的研究结果成了说明自己思想的材料。"

对于自己的这个体会,朱兆良有众多实际例子做支撑。例如,氮素矿化问题,加了示踪化肥氮素后,释放量增加了,但人们往往忽视另一方面,即化肥氮素残留在土壤中的问题。据此,朱兆良

第一辑
目标·方向

院士小传

朱兆良（1932—2022），土壤学家。出生于山东青岛，籍贯浙江奉化。1953年毕业于山东大学化学系。曾任中国科学院南京土壤研究所研究实习员、助理研究员、副研究员、研究员、博士生导师。1993年当选为中国科学院院士。1999年至2004年担任中国土壤学会第九届理事长。对土壤氮素转化及管理进行了长期研究，先后获得国家、中国科学院及江苏省科技进步奖和自然科学奖共10项。

提出自己的思路，即释放与残留抵消后，是否还有净增加？净激发量究竟有多大？其激发量有没有实际意义？仅从释放与残留的差值看不出来，还要看净激发量占施入氮量的百分率有多大。根据这一思路，他总结了所收集到的国内外有关资料，发现绝大部分资料的显示值都很低，有的还出现负值；旱地中的情况也一样，一般仅在10%以内。而这些实际的误差也在10%左右。因此，所谓的净激发量其实都在实际误差的范围之内，不能说有净激发量。于是他得出结论：氮素对土壤氮的激发，实际是通过微生物的转化，没有净的激发，也没有净的释放。这看起来是机理问题，实际上是怎样评价氮肥的作用问题。如果真有激发，它会促进土壤氮素的消耗，致使土壤氮肥降低。这个问题关系到用什么指标来评价氮肥的利用，氮肥不能促进土壤氮素的利用，不能用示踪法作为农学评价的标准，而只能用差减法来评价。这样，他在别人研究的基础上得到的结论，为评价氮肥利用的效果提供了理论依据。

朱兆良把自己查阅资料形象地概括为"踏上前人的阶梯，跃上自己的思路"。正是凭借这种查阅资料的独特方式，朱兆良数十年坚持对土壤氮素转化及管理进行研究，明确了我国农田土壤中氮肥损失的严重性，提出了水稻田减少氮肥损失的合理施用新原则，为我国农业增产增收做出了独特贡献。

中国科学院院士 沈韫芬

借助哲学之光

学好哲学，受益无穷。这是著名原生动物学家、中国科学院院士沈韫芬的切身体会。

1956年至1960年，沈韫芬在苏联科学院动物研究所当研究生时，苏联规定研究生要学一门哲学课。尽管老师们讲学好哲学、唯物论、辩证法对今后搞研究大有好处，苏联的研究生也说"哲学通过了，等于半个副博士拿到了"，但沈韫芬总觉得学哲学是个负担。好在沈韫芬和大多数中国留学生一样，学习积极性高，即使不喜欢的课程，也下功夫学，所有的基础课，包括哲学课都拿到了5分。"虽然是强制性地学了哲学，回国后又学毛泽东著作，但后来的科研实践证明，哲学对科学研究思维方法确实有指导意义。"她后来回顾总结说。

学了马克思主义的自然辩证法后，沈韫芬认识到，人类要认识自然、适应自然，才能驾驭自然。她和同事们经过艰辛努力，

第一辑
目标·方向

院士小传

沈韫芬（1933—2006），原生动物学家。上海市人。1953 年毕业于南京大学生物系，1960 年在苏联科学院动物研究所获副博士学位。曾任中国科学院水生生物研究所研究员，中国原生动物学会理事长，国际原生动物学会理事，中国动物学会常务理事。1995 年当选为中国科学院院士。中国原生动物研究领域的开拓者，毕生致力于原生动物的分类学和生态学研究工作。1997 年，在第十届国际原生动物大会上获得 Corliss 奖。共发表论文 219 篇，出版专著 7 部、译著 1 部。

建立了水质-微型生物群落监测法——PFU（泡沫塑料块）法，经过十年来的改进、推广和验证，PFU 法终于成为国家标准，项目已完成成果转化的全过程。在这种情况下，她又在思考，PFU 的研究到此了结了吗？如果说了结了，岂不意味着发现"终极真理"了吗？人的认识总是相对的，所谓发现"终极真理"，不符合辩证法的观点。于是她把工作从头到尾想了几遍，向自己提出了一个问题：为什么生物监测的 4 个参数都和化学监测的参数呈明显相关性，从生物方面考虑，是受什么规律支配的呢？在汉江中观察到 486 种原生动物，那么这些原生动物种类组成不同的群落时，是随机组成的还是有什么规律呢？前人的工作中有不少文章提出了指示种类以及群落的污生价和污生指数，但国外有些论文讲到在应用时不能很好地反映水质情况，与化学监测不能呼应。在问了一连串的为什么之后，她终于发现，前人制定的污生价和污生指数是凭自己的经验。经验难免有主观成分，当客观环境超出经验时，主观的经验就不能反映客观了。于是她到自然界中去找各种原生动物生存环境，并以化学分析为主，建立了 486 种原生动物的种类污染价。她指导博士生用这一方法在其他已发表过论文的水系，如常德市水系和武汉市东湖中得到了验证，而且还借用一篇意大利人发表的文章，在意大利的一条河流中也得到了验证。这种特异的思路是否站得住脚？她在国内的学术会议上做报告征求国内动物学家们的意见，还两次在国际会议上做了报告，得到了同行专家的认可。

　　借助哲学之光，沈韫芬在科研道路上砥砺奋进，不懈跋涉，40多年来取得了一系列丰硕成果。她主持了我国22个省、自治区的原生动物区系和分类研究，已鉴定近2000个种、35个新种。在其著作《西藏高原的原生动物》中，描述了458个种，80％为新记录，含12个新种。她首次探讨了西藏原生动物的地理分布和生态特点，被国外同行评价为"十分重要的科学贡献，将成为这一领域的经典"。她首先在我国不同气候带开展了土壤原生动物的研究，阐明了不同温度地区的区系组成特点和季节变动规律。她带领建立的PFU法，不断改进和创新，成为一种有效的水环境质量评价体系并被国家采用，成为我国第一个自行制定的生物监测国家标准。

中国科学院院士 毛江森

课题选择忌追风

浙江省医学科学院院长、中国科学院院士（学部委员）毛江森，在选择科研课题时不追风逐潮，立足于国情、人民需要，远离热点，甘于寂寞，从而取得了突出成就。

其实，毛江森在课题选择上是有过教训的。他从1957年开始，先后在北京、甘肃从事病毒学研究。由于当时在选择科研课题时缺乏科学性，更多的是取决于领导意志和追风逐潮，这使得毛江森的科研难出成果，他本人也深感郁闷。

1978年，毛江森从甘肃调到浙江省医学科学院工作。科学院原来没有病毒学研究的基础，也没有传统的病毒研究任务，使他有较大的自由度来确定研究方向与课题。当时国内病毒学热门的研究课题是肿瘤病毒、干扰素和"澳抗"等，这些也是国际上的热门。干扰素是他1960年的研究课题，按说是轻车熟路。也有人劝他做肿瘤病毒研究，认为这才是有水平的体现。但毛江森经

院士小传

毛江森(1934—2023),病毒学专家。浙江江山人。1956年毕业于上海第一医学院医疗系,曾任浙江省医学科学院院长。1991年当选为中国科学院院士(学部委员)。1978年以来对甲型肝炎病毒进行研究,成功地培育出安全有效的甲型肝炎减毒活疫苗毒种,并研制出甲型肝炎疫苗。获得专利10项,其中PCT国际专利1项,国家发明专利9项。在国内外权威期刊发表论文100多篇。

过一番思考,却选择了人们意想不到的课题:研究甲肝病毒。

你可知道,研究甲肝在国内、国外都不被重视,远不是热点,那么毛江森为什么选择它呢?原来,立题前,他花了半年时间在浙江农村做病毒病的调查,发现甲肝流行十分严重,居传染病首位。他甚至见过一家五口同时发病,农民深受其苦。老百姓的苦难遭遇深深触动了他,使他产生了研究甲型肝炎病毒并发展疫苗的激情。

对人民群众的爱心、责任心,驱使毛江森兢兢业业、一丝不苟地对待病毒的传播与防控。1987年初春,他负责的课题组在监视某地人群甲肝抗体水平变化的研究中发现,人群抗体水平明显下降。这本来是一项很平常的调查结果,却引起了他的深思,思考它的好与坏。当时整个中国大范围内环境并未改观,甚至环境污染有日益严重之势,尤其是水环境严重失控现象引起他的焦虑,因为这有可能导致甲肝病毒大面积在江、河、湖泊及海洋散布。为此,他写了一篇文章,对我国甲肝流行的严重威胁做了如下描述:"可以预料,随着城乡人民卫生条件的进一步改善,人群中儿童及青年中甲肝的感染率将会明显下降。这既是一个好现象,也是一个值得警惕的问题。因为除非能用疫苗给这部分人以免疫保护，否则，随着环境的改变，或者一旦有意外的传染发生，如由带甲肝病毒的泥蚶所引入，由于大量易感人群的存在，将会引起大规模的甲肝流行，而成年人患甲肝时临床反应比儿童受感染更严重。"文章在上海出版的 1987 年 5 月号的刊物《中华传染病杂志》上发表。半年后，上海暴发了一次空前的甲肝大流行，约 32 万人集中发病，由一次大量人群食用带甲肝病毒的毛蚶而传染引发，其中 83.5% 为成年人。在流行规模、海洋污染、贝壳类传媒及发病人群等方面，都与毛江森他们的预测基本一致。为此，《科技日报》专门发表了题为《从甲肝流行看要重视专家意见》的评论。

成功预测这次大规模甲肝流行，使毛江森既受到鼓舞，也感到压力。因为对重大自然现象的准确预测，进而帮助政府和广大人民群众主动应对和科学防范，是科研人员的职责。此后，他加快了对甲肝病毒的研究步伐。经过 15 年的集体攻关，他所领导的课题组终于成功培育出甲肝活疫苗毒种，生产出安全有效的甲肝活疫苗，使甲肝发病率大幅度下降，中国从此开始摆脱了甲肝严重流行的局面。

后来，毛江森总结说："**甲肝活疫苗研究的成功，首先是与立题有关。这一立题来源于国情，来源于人民迫切的需要，丝毫没有追风逐潮之意。**"

中国科学院院士 游效曾

学科交叉寻时机

究竟从哪里寻找创新的突破口？著名无机化学家、中国科学院院士（学部委员）游效曾研究员的回答是："具备广阔的知识，多角度看问题，在学科与学科的交叉点上寻找时机。"

游效曾1957年从南京大学化学系研究生毕业后留校当助教，担任物理化学、高分子化学、电化学和分析化学的教学工作，独立主讲"物质结构"和"结晶化学"等化学系的基础课。这样的经历，打破了专业界限，使他有了较为广博的知识，弥补了纵深发展有余、横向发展不足的缺憾。后来，他参加了吉林大学物质结构讨论班，又去美国做访问学者进修，在扩充知识的同时，确立了自己的强项和主攻方向——从事配位化合物的合成、结构和性质的研究。

近代配位化学是在经典无机化学基础上发展起来的一门边缘科学。广泛应用物理的谱学实验方法和量子化学理论来阐明所合

第一辑
目标·方向

院士小传

游效曾（1934—2016），无机化学家。出生于江西吉安，籍贯江西南昌。1955年毕业于武汉大学化学系，1957年南京大学化学系研究生毕业。曾任南京大学教授、博士生导师，南京大学配位化学研究所所长，中国化学会常务理事及无机化学学科委员会主任。1991年当选为中国科学院院士（学部委员）。2004年获得何梁何利基金科学与技术进步奖，获国家教委科技进步奖一等奖和二等奖各1项，获国家自然科学奖三等奖1项。

成的配合物的结构和性质，是其特点之一。由于游效曾具备了理论化学的基础知识及多门学科的教学经验，虽然他在学科的研究方法上并不见得比别人高明，但在不同学科的契合点上，他却有自己的观点和创见。比如，他用分子轨道法计算核磁共振化学位移，使理论处理直接与光谱实验数据联系起来，提出了"功能化学"这一学科新概念。

创新需要同传统观念做斗争，也需要勇于坚持看准了的东西。游效曾刚提出"功能化学"这一学科概念时，同行们觉得难以接受，反对的意见不少。但他认识到这个由学科交叉而生成的新领域的发展前景，因而没有轻易放弃，而是继续深入研究，最终写出题为《功能配合物的合成和结构》的报告，被授予"亚洲化学会基础研究报告奖"。

游效曾所从事的课题属于应用性基础研究，在研究中他充分注意理论与实验、结构与性能的密切配合，立足于现代配位化学的前沿。在合成新型配合物的基础上，注意综合运用现代方法和理论，测定并阐明它们的微观结构及其与性质的关系，这种思路既是在应用性上考察理论与实验的结合，实际上也是基础理论研究与各科知识领域的交叉。他的许多研究都是从学科与学科的交叉点入手,从不同学科、不同角度看问题,从而获得突破的。比如,在合成和结构方面,发展了新型的反应,合成了上百种新型化合物,丰富了结构化学的内容;在谱学实验方面,充分运用近代物理方法测定了它们的基本结构参数,并结合理论方法探讨了它们的微观结构物质间的关联及规律,并得到了难以获得的溶液结构信息;在电子结构方面,在合成和结构的基础上,从成键理论出发深入微观电子结构加以探讨,首次提出了新的谱学计算方法,改进了配位场计算程序,对结构无机化学的一些前沿问题提出了新的见解和规律。

游效曾在学科交叉点上寻找时机求突破的创新,终于得到了无机化学界的认可。多年来,他出版专著4部、译著4部,发表论文400余篇,获国家教委科技进步一等奖和二等奖各1项,获国家自然科学奖三等奖1项。还获得苏联科学院普通和无机化学研究所颁发的荣誉证书和奖章。

中国工程院院士 项海帆

"保持自主权"

同济大学土木工程学院院长项海帆教授,是一位具有强烈民族自尊心的桥梁及结构工程专家。在对外开放的新形势下,他不忘保持自主权,努力为国争光,独立自主地完成上海南浦大桥的工程设计,令人钦佩,也发人深思。

项海帆1955年毕业于同济大学桥梁与隧道工程专业,随后成为著名土木工程专家李国豪教授的研究生。1979年,他重新回到李国豪教授身边从事桥梁抗震研究。1982年,他从德国留学回国后,当时兼任上海市科协主席的同济大学校长李国豪教授交给他一个上海市科委下达的任务:为上海南浦大桥建设做一个结合梁桥面的斜拉桥比较方案,同时帮助李国豪校长指导第一个博士生进行斜拉桥风致振动理论研究。项海帆领受任务后,立即带人干了起来。到1986年,他们完成了风洞试验,并建立起适合斜拉桥的三维颤振理论。

像院士一样思考
——100位院士思维故事100例

院士小传

项海帆（1935—　），桥梁及结构工程专家。出生于上海，籍贯浙江杭州。1955年毕业于同济大学桥梁与隧道工程专业本科。1958年桥梁工程专业研究生毕业。曾任同济大学桥梁工程系教授、博士生导师，上海同济规划建筑设计研究总院桥梁设计分院名誉院长，土木工程防灾国家重点实验室名誉主任。1995年当选为中国工程院院士。长期从事桥梁结构理论和工程控制的教学和研究工作。

接下来发生的一件事，紧揪着项海帆的心。1987年年初，项海帆在访问日本时了解到，上海市政府已委托日本进行可行性研究，日方正在做钢桥面的斜拉桥方案和风洞试验。他回国后，立即向李国豪校长做了汇报，请求李校长向上海市主要领导呼吁表达自主设计南浦大桥的意愿。李校长对项海帆的建议给予了坚决支持，立即向上海市主要领导做了汇报。不久，上海市主要领导亲临同济大学视察，了解项海帆他们所做的可行性研究工作。事后，项海帆又代表桥梁工程系致函上海市主要领导，力陈自主设计的条件和决心。不久，上海市主要领导在项海帆的信上批示，做出了自主设计和建造南浦大桥的重要决策。此后，经过两次专家评审，最终选用了项海帆他们提出的结合梁斜拉桥方案。

强烈的民族自尊心和爱国热情，成为激发自主创新的不竭动力。1988年，项海帆他们在为南浦大桥进行抖振分析时感到，传统的基于随机振动理论的抖振频域分析方法比较艰深和繁复，一般的设计单位难以理解和计算。怎么解决这个矛盾？项海帆将抖振计算理论和地震反应谱理论进行比较后，发现虽然风振和地震的激振机理有所不同，但作为一种按振型分解的动力分析，两者仍有许多共性,有可能通过抓住主要矛盾,忽略一些次要因素,建立一种类似地震反应谱的抖振反应谱计算公式,而前者是工程师们比较熟悉的方法。这种借鉴和移植的思路终于取得了成功,他们建立了由 6 个无量纲参数组成的估算抖振根方差的实用公式,可以按振型分别计算抖振反应,再组合起来。这是一种别具创意的十分快速简便的方法,有良好的精度,而且每个参数的物理意义十分明确,易于为工程师们所理解和接受。很快,这种方法被纳入我国第一部《公路桥梁抗风设计指南》著作中,得到了广泛应用。

南浦大桥自主设计建成后,项海帆非常激动。他说:"南浦大桥的自主设计和建设是一个突破,使中国的桥梁工程界通过实践取得了进步,增强了自信心,促进了全国范围自主建造大桥的形势,提高了中国桥梁的国际地位。我深切地体会到落后并不可怕,重要的是要有不甘落后、发愤图强的民族自尊心。中国一定要开放,吸引外资和学习发达国家的先进科学技术来加速发展经济,同时又要像孙中山先生在《建国大纲》中所说的那样'保持自主权'。我们要反对狭隘的民族主义,同时也要警惕买办主义的诱惑。科教兴国的国策要依靠发展民族经济和有自主知识产权的科技企业才能真正实现。"

多年来,项海帆的爱国情怀得到了科研成果和荣誉上的回报。他作为科研负责人的上海南浦大桥工程获国家科技进步一等奖,他主持完成的《大跨桥梁风致振动及控制理论研究》获国家自然科学奖四等奖和国家教委科技进步奖一等奖。此外,他还获得省部级科技进步奖一等奖 3 项和三等奖 4 项。他所领导的土木工程防灾国家重点实验室已成为国内桥梁与结构抗震和抗风研究中心,确立了我国桥梁抗风研究在国际风工程界的重要地位。

中国工程院院士 岑可法

选题依据何在

浙江大学教授岑可法,是国内著名的能源环境工程专家。总结他在这一领域取得一系列重大科研成果的体会和选题依据,他说:"我觉得,**国家和人民的需要,就是我的需要,也是我这一生中科研选题的依据**。"

岑可法1956年毕业于华中理工大学,1958年到苏联莫斯科包曼高等工业学院留学。出国前夕,当时对他们进行临行指导的一位著名科学家问大家到苏联学什么,很多同学都选择了制造火箭、舰艇等尖端学科,而岑可法却选择了既普通又脏的专业——煤的燃烧。这位科学家很惊奇:"选这个专业,全国就你一个。"岑可法回答:"研究'煤的燃烧'虽又脏又不起眼,但是,中国是个产煤大国,煤是关系国计民生的大事,我们总不能每个人都去造飞机、造火箭。"这位科学家握着岑可法的手,肯定地说:"这个专业很重要,我支持你!"

第一辑
目标·方向

院士小传

岑可法（1935—　），能源环境专家。1956年毕业于华中理工大学。1962年获苏联莫斯科国立鲍曼高等工学院技术科学副博士学位。曾任浙江大学机械与能源工程学院院长、教授，能源清洁利用国家重点实验室学术委员会主任，国家水煤浆工程技术研究中心所长等职。1995年当选为中国工程院院士。获国家自然科学奖二等奖、国家技术发明奖一等奖、何梁何利基金科学与技术进步奖。发表论文1500余篇，编写（译）教材及专著10多部。

从此，岑可法把一生都交给了"煤的燃烧"这火红的事业。

20世纪70年代以来，世界及国内石油紧张，国家及时制定了"以煤代油"的能源政策。但如何在烧油的锅炉上烧煤？由此开展了油煤浆（COM）燃烧技术的研究。1984年年初，中国科学院组织浙江大学、鞍山钢铁厂、中国科学院力学所和化学所等7个单位近100人参加油煤混合燃料工业性试验。岑可法作为总体技术组组长，带领大家顽强攻关，终于在鞍钢100吨/时锅炉上取得成功，可节油35%，这一技术获中科院重大科技成果奖。

就在进行油煤浆燃烧技术研究的同时，岑可法一直在想，即便节油35%，也还是要用65%的油。能不能实现全部用煤来取代油，真正实现"以煤代油"呢？他根据国内外的发展动态，大胆提出设想，用水取代油煤浆中的油，用水煤浆（CWS）来代替油煤浆，即用70%煤粉及30%水组成高黏度水煤浆，实现全部代油的目的。当他向国家有关部委提出这一技术设想时，引起了有关领导和专家的争议，持怀疑态度的人不在少数。有道是"水火不容"，在煤中加入这么多比例的水，还能燃烧吗？岑可法通过在实验室一次次做基础实验，一个重要的机理终于被发现了，这就是："水煤浆燃烧由于水分的蒸发而形成多孔结构，很利于着火与燃烧，着火温度甚至低于煤粉的着火温度。"这一重要发现使我国水煤浆技术研究由实验研究转入以工业性应用为目的的全面研究，先后被列入国家"六五""七五""八五""九五"重大科技攻关项目。在他和同事们的长期不懈努力下，终于实现了一连串的"首次"：在我国首次实现工业燃油锅炉燃用水煤浆，首次实现电站燃油锅炉燃用水煤浆，首次实现油田取暖燃油锅炉燃用水煤浆……这一系列成果，使我国在这一领域的研究快速达到国际先进水平。

岑可法乘胜前进，又提出新的科研目标。国内外水煤浆燃烧一般是采用雾化火炬燃烧方式，能不能还有其他燃烧方式，以扩大其应用领域？他提出了一个设想，利用我们在流化床领域的学科优势，进行煤水混合物的流化床燃烧研究，并向国家科委提出，要求列入重大科技攻关项目。对此，有部分同志认为这项研究是所有劣质煤燃烧项目中最难完成的，不抱很大的希望。岑可法他们小心翼翼地进行着研究，对燃烧中的每一个过程都进行精心论证，通过实验找出煤水混合物与其他燃料流化床燃烧的不同之处，大胆提出了"高位给料，异比重床料，结团燃烧，无溢流"的运行方式，终于解决了这一国际上公认的技术难题，并在其后的试验中得到验证，在工业应用中得到大规模推广。

科研进行到这里，岑可法没有止步。他想，煤水混合能够燃烧，那么煤泥、污水、污泥甚至垃圾不是也能燃烧吗？带着这样的问题，他和同事们大胆设想，把已成熟的流化床结团燃烧技术移植到污水（泥）和垃圾的流化床焚烧上。该技术一开始研究，就受到国内外同行的关注，并被韩国选择运用。很快，岑可法发明的新的垃圾焚烧技术通过了国家鉴定，并达到国际先进水平。

从国家和人民需要出发确立科研选题，成就了中国的煤燃烧技术，成就了中国的环保事业，也成就了岑可法本人。

中国科学院院士 欧阳自远

不赶时髦

天体化学家与地球化学家、中国科学院地球化学研究所研究员欧阳自远，负责我国地下核试验地质综合研究，成果卓著。他当选为中国科学院院士（学部委员）后，常有年轻的同志向他提出这样一个问题："要想成为一个有成就的科学家，是否存在着一些先决性的条件？"

对此，欧阳自远回答说："当然。但科学研究中具有决定意义的不在于精良的仪器设备，也不在于是否有聪明的头脑，而在于如何使用头脑。"

欧阳自远的回答乃经验之谈。他30多年的科研道路，每一步都是靠正确使用头脑走过来的。

欧阳自远1956年从北京地质学院毕业后，随即进入中国科学院地质研究所攻读研究生。他读研究生的第二年，苏联发射了第一颗人造地球卫星，一下子轰动了世界。善于思考的欧阳自远

院士小传

欧阳自远（1935— ），天体化学与地球化学家。出生于江西吉安，原籍江西上饶。1956 年毕业于北京地质学院，曾任中国科学院地球化学研究所研究员，中国月球探测工程首席科学家。1991 年当选为中国科学院院士（学部委员）。长期从事地球化学、天体化学、比较行星学、地外物体撞击地球诱发生态环境灾变与生物灭绝等研究。负责我国地下核试验地质综合研究。其学术成果获得全国科学大会奖、中国科学院自然科学奖一等奖等。

立即敏锐地意识到人类的"太空时代"即将来临。他冷静地分析当时地质学的研究状况后发现：地质学并不深究地球的起源和各圈层的形成演化过程，也不研究元素及元素丰度的起源及其在地球上不均匀分布的起因，更不理睬地球作为太阳系的一员与其他行星演化上的联系与特性；一些局部的认识无限制地被扩展到全球，而缺少整体性、综合性的深刻理解。要加深对上述问题的理解，必须"脱离"地球去研究地球，"跳"出地球，才能站在空间看清地球。他决心开拓空间科学这片处女地，因为这是地球科学发展新的生长点。

但是，通过调研，欧阳自远深感自己当时的知识领域不够宽广，无法适应将要开展研究的领域的需要。于是，他开始扎扎实实地自学天文学、物理学、空间科学等领域的有关知识，同时把研究的触角伸向"天外来客"——陨石。1976 年，吉林下了陨石雨，这是世界上规模最大的一次陨石雨事件，给地质工作者提供了极好的研究时机和条件。经过多年的探索，欧阳自远首次提出了吉林陨石多阶段宇宙线暴露模式和吉林陨石形成演化模式。在吉林陨石系统研究的基础上，顺应科学技术发展的节奏与规律，他先后开展了高空、海底和地层中的宇宙尘，以及月球岩石等地外物

第一辑
目标·方向

质的研究，进而结合太阳系各行星的探测成果，进行比较行星学的理论研究和实验模拟。随着全球变化研究的深入进行，他又开展了地球历史中地外物体撞击诱发气候和环境灾变与生物灭绝过程的研究，并从地球原始不均一性的形成与演化探讨全球构造演化与成矿控制。随着研究工作的深入和继续，他又及时进行了理论总结和升华，力图构筑起我国天体化学研究的理论框架。

1988年，在距离1957年确立奋斗目标31年后，执着踏实、不赶时髦的欧阳自远终于完成了《天体化学》这部著作。国际同行评价说："从世界范围的观点来看，这部《天体化学》是独一无二的。""在西方，还没有在广度和权威方面可以与之相媲美的著作出版。"

后来，在一次与年轻的科技人员座谈时，欧阳自远深有感触地说："**一个人一生的科研道路与自己选择的进取方向关系非常密切，现在最时髦的东西将来也许是过剩的，要看到今后10年、20年科学发展的方向**。对于一些比较成熟的学科，前人已构筑好了框架，甚至已经很充实了，我们很难再去填充什么。我们应该争取去创建新的框架，打开一些新的路子。有些人虽然会考虑问题，能提出自己的见解，但不一定会做工作。我希望大家既能提出设想，又能给出证据，只有这样才能做出好的成绩来。"

中国科学院院士 蒋民华

到"森林"中去"采蘑菇"

在著名晶体材料学家、中国科学院院士蒋民华看来,搞科研,感觉很重要,有了感觉,打破了神秘感,离出成果就不远了。

20世纪80年代以前,蒋民华所在的山东大学晶体材料研究所生长的晶体都是国外已有的,没有自己的创新,无非是长得更大、更好而已。于是,发展自己的新材料,攀登晶体材料的"处女峰",成了蒋民华追求的另一目标。

1979年,蒋民华第一次跨出国门,来到德国科隆大学结晶研究所进行短期访问和交流。科隆大学结晶研究所老所长豪休教授对探索新晶体的理论和实践造诣颇深,他测量过数百种新晶体,新晶体搞多了,他在选择对象时甚至到了在化学试剂手册中随机翻取的程度。豪休教授把探索新材料比作在"大森林中采蘑菇",不要期望一下就能发现一个大蘑菇,要悠然自得地在林中漫步,这样常常会有意外的收获。蒋民华从与豪休教授的交谈中受到很

第一辑
目标·方向

院士小传

蒋民华（1935—2011），晶体材料专家。浙江临海人。1956 年毕业于山东大学化学系。曾任山东大学晶体材料研究所所长，晶体材料国家重点实验室主任，山东大学教授、副校长，中国材料研究学会副理事长等职务。1991 年当选为中国科学院院士。共发表期刊论文 479 篇，获国家教委科技进步奖一等奖 2 项。

大启发。豪休教授并不指望蒋民华在三个月里能干什么事，要他自己安排到各个实验室里转转，轮流看看。但豪休教授万万没有想到，蒋民华这个想搞新材料的有心人，却充分利用那里的条件终日在实验室里工作，在不到三个月的时间内，从寻找新材料到合成和生长晶体，搞出了一种新的有机晶体——樟脑酸丙酮，测量了它的压电和电光性能并写出了文章。这样的速度和结果不能不令豪休教授刮目相看，从而为此后 10 年彼此之间的良好合作和人员交流打下了基础。

对于第一次出国，蒋民华总结道："科隆之行虽然体重掉了 5 千克，但最大的收获是第一次到'森林'中采了一回'蘑菇'，虽然只采到了一个小小的蘑菇，但可贵之处在于我找到了探索新晶体材料的感觉，打破了探索新材料的神秘感，开始形成探索新的有机非线性光学晶体材料的思路。"

回国以后，蒋民华指导研究生开始探索新晶体材料的工作，终于在手性天然氨基酸及其衍生物中，发现了一种新的有机非线性光学材料——L-精氨酸磷酸盐（LAP）晶体，并在此基础上进一步开拓了半有机非线性光学材料的研究领域。这一成果后来获得国家技术发明奖一等奖。

LAP 的成功，开辟了到材料"森林"中"采蘑菇"的林中小径，自此以后，蒋民华所指导的新材料探索工作得到了迅速开展。

中国工程院院士 胡思得

终生难忘的一席话

胡思得是我国著名原子核物理和核武器工程专家,中国工程院院士,如果要问他是怎样走进科学殿堂的,他会深情地向你复述他的同事黄祖洽对他说过的一席话。

胡思得1958年从复旦大学毕业后,被分配到二机部九院,在邓稼先手下工作。他来报到时,这个单位刚刚组建,没有多少人,后来陆续从全国各地调来一大批科技精英,其中有王淦昌、彭桓武、郭永怀、朱光亚、程开甲、陈能宽、周光召、于敏、何祚庥等,这些人个个了不起,都是我国著名的物理学家。

20世纪60年代初某一天晚饭后,胡思得和黄祖洽去散步,他们谈起几个月来专家们为一个计算结果反复讨论的事。胡思得说,他们这些年轻人为学术讨论会上浓厚的民主气氛所感染,很佩服专家们渊博的学识和精彩的论点。这时,年龄大些的黄祖洽语重心长地告诉他,**不仅要注意各人发言的内容,还得从发言中**

第一辑
目标·方向

院士小传

胡思得（1936— ），原子核物理和核武器工程专家。浙江宁波人。1958年毕业于复旦大学。曾任中国工程物理研究院研究员，复旦大学双聘教授，博士生导师。1995年当选为中国工程院院士。获国家科技进步奖特等奖1项、一等奖3项、二等奖1项，部委级科技进步奖多项。1993年获全国五一劳动奖章。1995年获"全国先进工作者"称号。

悟出他们各自的学术和思维特点。 例如，专家们往往擅长抓主要矛盾，但抓法各有巧妙之处：彭桓武先生有一个著名公式，即所谓$3\cong\infty$，意思是比较两个因素，如果甲／乙≥ 3，这个3你可看成无穷大，也就是乙可以忽略不计，集中精力先考虑甲，然后再考虑乙做修正；而程开甲先生习惯用勒让德函数展开，取头几项做近似，很快可看到问题的主要特征；周光召先生擅长微扰方法，把物理量分解出零级量、一级量、二级量，然后分别写出对应的方程求解。还有的专家能在激烈的争论中冷静地思考各方的主要论点，去其偏差，突出合理的内核，引导出一种更完美的意见来。何祚庥先生就常常能取各家的精华，做出一个大家都可以接受的小结，求同存异，并提出还需深入思考的问题。最后，黄祖洽说："小胡，你要特别细心地去观察、思考各人的特长，你把这些本事都学到了，你就会是一个了不起的科学家。"

果然，在以后的日子里，胡思得非常注意发现专家们身上的特长，留意分析他们的思维方式和科学方法，觉得有特点的，便在实践中试着学一点，慢慢也就形成了自己的思维方法，并果真成为一名了不起的科学家。他先后参加和主持了多项核武器的理论研究和设计工作，其中在突破原子弹阶段，氢弹的研究设计和发展以及核试验的近区物理测试中，做了大量组织领导工作，创造性地解决了一系列关键技术问题，为我国核武器的研究设计和发展做出了重要贡献。作为主要完成者之一，他荣获国家科技进步奖特等奖 1 项、一等奖 3 项、二等奖 1 项，部委级科技进步奖多项。

时隔 40 多年，胡思得回忆往事，还清晰地记得他和黄祖洽的这次谈话。他深有感触地说："老黄的一席话，其实是向我指点了一条走进科学殿堂的明路，令我终生难忘。"

中国科学院院士 杨福家

科学家有祖国

有句名言:"科学无国界,但科学家有祖国。"对此,1991年当选为中国科学院院士(学部委员)的核物理学家杨福家有着强烈感受。

杨福家1958年从复旦大学物理系毕业后留校工作,1963年,他有幸被选派到丹麦玻尔研究所做访问学者,从事核反应能谱方面的研究。临出国前,时任外交部部长陈毅元帅给这批出国深造人员讲了一个故事:当年,陈毅在法国留学期间,一次乘无轨电车遇上一位老太太,陈毅主动为她让了座,但谁也不会料到,当这位老太太知道陈毅是中国人时,她竟然站起来说:"中国人坐过的位子我不要坐。"杨福家听了,陷入沉思。后来,他回忆说:"这个故事极大地震撼了我的心灵,使我意识到,没有强大的祖国作为后盾,就没有中国留学生的地位。于是,我暗自下定决心:一定要以自己的实际行动为祖国争光。"

像院士一样思考
——100 位院士思维故事 100 例

院士小传

杨福家（1936—2022），核物理学家。出生于上海，籍贯浙江镇海。1958 年毕业于复旦大学后留校工作，曾任该校教授、校长，兼中国科学院上海原子核研究所所长。1991 年当选为中国科学院院士（学部委员），同年当选为发展中国家科学院院士。所著《原子物理学》获 1987 年国家级优秀教材奖。

杨福家在哥本哈根度过了两年，使他终身受益的，不仅是学到的一些物理学新知识，更是深为 20 世纪最伟大的两位物理大师之一——尼尔斯·玻尔的爱国主义情操所感染。在 20 世纪初，丹麦几乎无物理学可言。但是，玻尔决心要在人口不到 500 万的小国上建立起自己的物理学中心。立下宏大的志向后，在英国学有所长的玻尔婉言谢绝了国外所有盛邀，依然回到落后的祖国，致力于科学研究工作。历经数十年的努力，终于在哥本哈根建成了世界上物理学的三大中心之一，形成了为科学界所广为传颂的"哥本哈根精神"，他本人也因此被誉为"现代物理学之父"。杨福家一直清晰地记得，玻尔经常引用丹麦童话作家安徒生的一句名言："丹麦是我出生的地方，是我的家乡，这里就是我心中的世界开始的地方。"并在"就是"两字下面加上着重号，以此来陶冶自己的爱国情操，激励自己为祖国建功立业。杨福家说："如果把'丹麦'换成'中国'，就可算是我的人生哲学了。确实，中国是穷了一点，不过，正因为有差距，才更需要我们去努力。"

杨福家在玻尔研究所留学期间，面临的压力相当大。该所除了丹麦的 30 多名学者之外，还有来自各国的 50 多名学者，其中大多有博士学位，而杨福家只是个本科毕业才 5 年的讲师。尽管如此，由于心中装着祖国，更激发了他不甘人后的斗志。他夜以继日地工作和学习，连吃饭时间也同各国同学讨论问题。就这样，他仅用了一年时间，就做出了重要的研究成果，验证了该所两位诺贝尔奖获得者对一种核运动状态的预言，受到同行的重视。

　　回国后，杨福家一直胸怀为国争光的理想抱负，孜孜不倦地奋斗着，成为一名蜚声中外的核物理学家。他的科研成果丰硕，比如，领导、组织并建成了"基于加速器的原子、原子核物理实验室"，完成了一批在国际上受到重视的工作。在原子核能谱学方面，实验中发现的一些新能级数据，25年来一直被国际同行采用；在国际上首次把运动电场用于束－箔机制；在国内开创粒子束分析研究领域并进行了一系列研究；等等。所著《原子物理学》，获1987年国家级优秀教材奖。

中国科学院院士 贺贤土

怎样不成为"万金油"

有人曾问中国工程物理研究院研究员、中国科学院院士贺贤土:"一个科研人员如果不断地改变研究方向,会不会成为'万金油'呢?"贺贤土回答说:"关键在于自己。"有人进一步问道:"怎样才能避免成为'万金油'呢?"贺贤土的回答是:"打牢科学基础。"

贺贤土长期从事核武器理论研究,完成了大量开创性工作,在我国中子弹研制中做出了突出成绩。他没有成为"万金油",却根据需要多次改变研究方向,有时跨度之大外人难以想象。

贺贤土在大学时,是学理论物理专业的,对基本粒子物理有浓厚兴趣,曾经梦想在基本粒子研究方面做出成绩。1962年毕业后到了单位,却被分配从事经典粒子输运研究,虽然都是搞物理理论研究,但内容差别很大。一开始他也不喜欢,有想法,不免仍惦记着量子场论,但后来提高了认识,产生了深入研究经典

第一辑
目标·方向

院士小传

贺贤土（1937— ），理论物理和核物理学家。浙江镇海人。1962年毕业于浙江大学物理系。曾任中国工程物理研究院专家委员会委员、研究员，国家"863计划"惯性约束聚变主题专家组首席科学家，浙江大学理学院院长，科技部S863专家顾问组成员等职。1995年当选为中国科学院院士。长期从事核武器物理研究，完成了大量开创性工作，在我国中子弹研制中做出了突出成绩。

粒子输运的兴趣，并为自己的研究成果解决了实际问题而感到快乐。几年后，由于工作需要，他又开始一项背景完全不熟悉的新问题的研究，他愉快地服从需要，全身心投入新工作的探索。

这样，在核武器的不同研究、发展阶段，贺贤土多次改变研究内容甚至方向，而他总是十分注意提炼出基础性课题进行研究，努力获得对问题的深刻的规律性认识。1988年起，他到北京应用物理与计算数学研究所工作，从核武器物理研究转向负责所里高技术项目惯性约束聚变理论研究，以后又参与组织领导国家"863计划"项目惯性约束聚变主题的工作，1997年起又成为该主题的首席科学家，不得不把主要精力花在组织管理方面。同时，10多年来他又承担了国家自然科学基金、国家攀登计划和国家重点基础研究"973计划"项目中的基础研究工作。在研究内容和方向不断改变的情况下，他总是要求自己干一行，爱一行，钻一行，专一行，精一行。

多次改变研究方向，却没有成为"万金油"，回想起来贺贤土感慨良多。他说：

"多年来，我深深感觉到科学基础具有共同性。当你开始参加研究工作时，如果能在所从事的第一个研究课题实践中，不断克服困难，钻研问题深且精，并且有所发现，这就有了很好的基础，那么当工作需要你转入方向不同的第二个课题研究时，虽然你需要熟悉新的背景，但由于科学基础、科学研究方法和科学思维的共同性，依据你在第一个课题研究中的积累，只要你继续努力，也一定会在新的研究中取得新的成功。事实上，**由于事业的需要和兴趣的改变，很少有人一辈子从事一个研究方向，关键是要在前几个方向的研究上努力奠定自己的研究基础，要精通**。反过来，研究工作切忌不深入，如果前几个研究工作总是深入不下去，就会缺乏研究基础，就会形成'油'的习惯，久而久之便会拉大与别人的差距。"

中国两院院士 李德仁

咬定青山不放松

郑板桥"咬定青山不放松"的诗句是描写竹的,但用在两院院士李德仁身上,也非常精当。

李德仁出生于江苏省泰县溱潼镇一个普通家庭,家中姊弟七人,他是长子。父母只是一般的职员,薪水微薄,养家糊口很困难,因而他幼年生活相当拮据。清贫的生活,在他心中催发了勤奋努力和自强不息的种子。从小立志好好读书,改变家庭和个人命运。

1957年,李德仁考取了武汉测量制图学院(武汉测绘科技大学的前身)航空摄影测量系。有幸,他在系里遇到了他一生的贵人——我国航测与遥感学科的奠基人王之卓教授。大学四年级时,他将几篇论文习作送交王教授审阅,从此,崭露的才华使王教授对他倍加关怀,充满期待。第二年,王教授约他做自己指定的毕业设计,嘱咐他要学好英语,以便阅读参考文献。当时,学校只

院士小传

李德仁（1939— ），航测、遥感与地理信息专家。出生于江苏泰县，籍贯江苏镇江。1963年毕业于武汉测绘学院，1981年获该校硕士学位。1985年获联邦德国斯图加特大学博士学位。曾任武汉测绘科技大学教授。1991年当选为中国科学院院士（学部委员），1994年当选为中国工程院院士。1999年当选为国际欧亚科学院院士。2017年获得第八届"中国地理科学成就奖"。2022年获得布洛克金奖，是中国获此奖项的第一人。共发表论文800余篇，出版专著11部，译著1部，主编著作8部。

开设俄语课，李德仁等几个同学便在晚上偷偷组织起英语学习小组。结果他们出色地完成了毕业设计。毕业时，李德仁又考取了王教授的研究生，但因为他在高中时曾对报纸上"分数面前人人平等"的提法发表过看法，因而被取消了研究生资格。他不得不遗憾地离开母校，被分配到西安国家测绘局地形二队当实习生。

第一次遭受重大挫折，没有泯灭李德仁刻苦学习努力成才的坚强决心。在生活、工作条件十分艰苦的西北高原上，他通过实践，处处留心，学会了用理论知识解决实际问题的方法，熟练了基本技能，也磨炼了意志。一年后，他被调到国家测绘局测绘研究所工作，开始在测绘领域进行探索。可是不久，"文革"开始了，他又被分配到河北省石家庄市水泥制品厂，当了一名普通工人。

这是李德仁又一次遭受重大挫折，但他依然没有沉沦。在水泥制品厂，他通过自学和实践，很快便掌握了特种水泥制造技术，与同伴们一起研制成功"新型铝酸盐水泥系列"，为国家建设做出了贡献。在工作中，恩师王之卓教授多次给他来信，谆谆告诫他要在实践中不断提高和充实自己，给了他无穷的力量。即便在那动荡的岁月里,他也没有在现实的迷雾中迷失方向,灰心失意。

1978年,国家恢复了研究生招生工作。王之卓教授建议学校发出电报,让李德仁回校参加考试。然而,当李德仁从河北赶到武汉时,学校的研究生考试已经结束。母校爱惜人才,为他专门设置了考场,终于使他如愿以偿,实现了自己十几年前的理想。

但是,此时的李德仁已近不惑之年,最好的读书时光已经过去。回到恩师身边的他,真是"老牛亦解韶光贵,不待扬鞭自奋蹄"。在读研究生的三年时间里,他非常珍惜这来之不易的学习机会,夜以继日地查阅中外文献、资料,做了大量读书笔记,连午休和节假日都是在机房里度过的,终于一天天增长了知识和才干,练就了过硬本领。

硕士毕业以后,王教授又大力推荐他出国进修。阿克曼教授是德国斯图加特大学摄影测量研究所所长、国际著名学者,也是王教授的老朋友。王教授亲笔给阿克曼教授写信,推荐李德仁到阿克曼门下攻读博士学位。在德国,李德仁愈加珍惜这千载难逢的进修机会。他的勤奋刻苦,连阿克曼教授都深受感动:实验室成了他的家,他常常在教堂午夜钟声响过之后才走出实验室,第二天又是第一个打开实验室和资料室的大门,而中餐和晚餐常常就是两个面包加一听可乐。

终于,李德仁成为我国著名航测、遥感与地理信息学家,在武汉测绘科技大学担任教授。他1991年当选为中国科学院院士(学部委员),1994年当选为中国工程院院士。回顾走过的路,他诚恳地说:"可以这么说,我的成功当然得益于天赋,但更多地缘于勤奋和前辈的关怀,使我能在困难面前坚持不懈地努力,一步一步地攀登科学高峰。"

中国工程院院士 龚惠兴

从"简单"的研究工作做起

著名光电技术专家、中国工程院院士龚惠兴,在航天仪器工程研究方面卓有建树。20世纪90年代初,他担任我国某航天工程应用系统总设计师,对推动我国空间对地观测及空间科学试验的发展起了重要作用。进入21世纪,他担任国家"863计划"航天领域专家委员会委员,并领导着一批代表国家水平的航天遥感仪器的研制工作者。

就是这样一位蜚声华夏的高精尖科技精英,他的科研体会却是不避简陋,从"简单"的研究工作做起。

1971年,龚惠兴参加了用于卫星飞行姿态测量的静态红外地平仪的研制。这是一项服务于我国通信卫星研制的基础性工作。红外地平仪的结构很简单,似乎属于"小儿科",但龚惠兴没有小看。因为地平仪虽然简单,但很重要,一旦发生故障,卫星天线就不能准确地指向地球,失去通信功能。于是,他潜下心来,

第一辑
目标·方向

院士小传

龚惠兴（1940— ），航天遥感、光电技术专家。上海人。1963 年毕业于中国科学技术大学，1967 年获中国科学院自动化研究所硕士学位。1968 年分配到中国科学院上海技术物理研究所工作，先后担任航天遥感室主任、副所长、总工程师、研究员、博士生导师。1992 年至 1994 年担任"神舟"号载人飞船应用系统总设计师。1995 年当选为中国工程院院士。1999 年担任中国科学技术大学信息科学技术学院兼职院长，同年当选国际欧亚科学院院士。先后获得国家科技进步奖一等奖 1 项、二等奖 1 项，上海市科技进步奖一等奖 1 项。

历时 5 年，翻阅大量国外资料，系统地研究了地球不同红外波段的辐射特性。正是这些基础性的研究工作，为我国通信卫星红外地平仪的设计奠定了基础，围绕此而发表的论文，至今仍然是各种红外地平仪的设计参考资料。龚惠兴所设计的静态红外地平仪后来移交航天部 502 所正式投产，成功地应用于迄今为止我国所有的静止轨道自旋稳定通信卫星和静止气象卫星中。

花费 5 年时间的"简单"的红外地平仪研究，使龚惠兴对红外技术所涉及的主要方面有了深刻认识，并对航天仪器的设计要求有了一定的了解，为他以后承担更复杂的航天遥感仪器研制任务打下了坚实基础。作为验证，1979 年他负责技术实施而完成的我国第一颗气象卫星，起点高，效果好，三个探测通道的信息获取能力，与美国 1977 年刚投入使用的第三代业务气象卫星相当。这得益于此前他所打下的扎实的红外技术基础。此后，1988 年 9 月和 1990 年 9 月，我国风云一号气象卫星两次成功发射，国内外同行普遍赞扬卫星的遥感仪器性能及全球实时发送的图像信息质量。

真是看似"简单"却艰辛，看似"简单"却不寻常！

回顾走过的科研之路，龚惠兴深有感触地说："'简单'的静态红外地平仪研究，花去了5年时间。许多研究工作看来简单，但要达到实用，其实不简单，深入下去，有大量研究工作要做。目前我国科研成果转化率低，很多成果不能用，内中的原因之一是没有从最终应用要求深入研究，很多成果经不起实际应用的考验。实用是检验应用研究成果的标准。"

中国科学院院士 陈 颙

面对世界性难题

著名地球物理学家、中国科学院院士陈颙的科研理念是"登高望远"。对此，他有一段精辟的诠释："登高才能望远。如何能登高？其一，从战略高度、远度把握课题方向，使其既有合理的物理基础，又有实际应用价值，并具有进一步发展的潜力。其二，'知彼知己，百战不殆'，'知彼'即为充分借鉴前人的成果，主动加以消化吸收，以科学的拿来态度分析其适用性与局限性；'知己'即为深入了解自己命题的特色、存在的困难及重点环节，从战术上重视、认真对待每一个细小问题。登高望远是有所开拓创新的前提条件，开拓创新是登高望远的进一步升华。"

陈颙面对核废料处理所做出的回答，既是他科研理念的有效实践，也是他科研理念的精彩说明。

核废料处理问题一直是核研究者与普通民众共同关注的问题，也是一个世界性难题。20世纪70年代，核电站产生的核废

院士小传

陈颙(1942—),地球物理学家。出生于重庆,籍贯江苏宿迁。1965年毕业于中国科技大学地球物理系,曾任国家地震局地球物理研究所所长、国家地震局副局长。1992年当选为国际地震学和地球内部物理学学会的地震预报和地震灾害委员会主席,国际地震中心执行理事。1993年当选为中国科学院院士,第三世界科学院院士。1998年获何梁何利基金科学与技术进步奖。

料大多放在地壳深部的花岗岩中。当然,受热后的花岗岩内部的微裂纹是否扩展,将涉及核废料深埋地下的安全性,这是一个不可忽略的科学问题。20世纪70年代美国三里岛发生核泄漏事件后,社会公众对于核废料处理的安全性就更加关注和重视了。

就在这个时候,陈颙受邀赴美国加州大学伯克利分校从事核废料处理方面的岩石物理学基础研究。在认真研究了前人开展的相关工作后,陈颙决定不重复前人走过的老路,改用自己熟悉的声发射(AE)技术来监视花岗岩中裂纹随温度的发展和变化。他的这一想法大胆而具有创新性,但这不是凭空臆造的,而是基于他一贯坚持的"登高望远"的科研理念。因为:一方面,他在国内建立岩石高温高压物理实验室时就曾经选用声发射作为研究手段之一,其基本原理、技术要点等他已十分熟悉,而国外尚未见此类尝试;另一方面,他通过对现有理论的分析,已充分论证了声发射技术在研究花岗岩裂纹变化中的可能性。有关岩石热学方面的实验通常既消磨时间,又耗费精力,需要一连好几天不间断实验,这就需要实验人员付出极大的耐心和顽强的毅力,通宵达旦地守候在仪器面前。而陈颙做到了。实验结果令人吃惊,花岗岩在70℃左右时，内部出现大量裂纹。陈颙给出了合理的解释：构成花岗岩的几种矿物成分，如石英、长石和云母等具有不同的热膨胀系数，在加热到70℃时，矿物颗粒之间的晶界被撕开。通过对比不同的加热过程，陈颙他们还发现了岩石热开裂的记忆性，即热开裂的温度不可逆性。于是，他写了一系列热开裂的论文。这些论文一经在国际学术刊物上发表，便引起国际学术界的高度重视，美国原子能委员会尤其注意到岩石破裂的结果在核废料处理问题上的潜在应用价值。值得一提的是，这些论文即使在20年后仍被国际上广泛引用。

陈颙的科研没有就此止步，他进一步问：花岗岩有热开裂现象，其他各类岩石是否也有热开裂现象呢？特别是碳酸盐岩，大型的油田都储集于碳酸盐岩地区，而岩石中的裂纹状态对于油气的形成和开发都是至关重要的。通过实验，他和同事们发现，随着地球内部温度的升高，各种岩石内部都会出现许多微小裂纹，在一定条件下，连通的微裂纹网络对岩石渗透率影响很大。从微观角度考虑，在构造力、水压力和热应力作用下，岩石内部会产生微裂纹和微裂纹网络；从宏观角度研究，当微裂纹网络连通到一定程度时，岩石的渗透率就会突然增加。这种从微观裂纹产生的机理到产生岩石宏观性质变化的现象和机理，如逾渗理论（Percolation），构成了当前关于岩石破裂和输运（Transportation）特性研究的前沿课题。此后，正是基于陈颙的研究，花岗岩的热开裂特性被用于核废料处理的安全检测。此外，碳酸盐岩和砂岩的热开裂现象也有着巨大的应用潜力，这主要表现在石油的三次开采方面。陈颙"登高望远"的结果，竟然是"一石三鸟"。

中国科学院院士 朱清时

图"学问"不图"学位"

著名物理化学家、教育家，1991年当选为中国科学院院士（学部委员）的朱清时，胸怀开阔，志向高远，图"学问"不图"学位"，在科学界传为佳话。

1968年毕业于中国科技大学近代物理系的朱清时，1975年来到中国科学院青海盐湖研究所工作，专业上发生了由物理向化学的大转折。1978年，他被中国科学院选定为我国第一批出国进修人员。

生活中每一步都充满了选择，出国人员也是这样。和朱清时一起的访问学者中，很多人一到美国就转成了研究生。这是热门选择，因为读研究生就意味着可进一步拿到博士学位，长期留在国外；即便回国，也有了"金字招牌"。在麻省理工学院的时候，朱清时也犹豫过要不要读个博士学位。他跟他的美国导师商量这个问题，导师对他说："你还要读博士学位吗？我们不是已经承认你有博士学历了吗？"当时，国内还没有博士制度，他在麻省

第一辑
目标·方向

院士小传

朱清时（1946—　），化学家。四川成都人。1968年毕业于中国科技大学近代物理系。曾任中国科学院青海盐湖研究所课题组组长、大连化学物理研究所研究室主任、中国科技大学校长、南方科技大学创校校长等职务。从实验和理论两方面研究分子的高振动态。1982年获得中国科学院国家自然科学重大成果二等奖。2000年获得安徽省重大科技成就奖。2005年获得国家自然科学奖二等奖。1991年当选为中国科学院院士（学部委员）。

理工学院后期，麻省理工学院给他的待遇是博士后。导师还对他说："你应该让世界习惯你们的制度，然后承认你们，不要重新适应美国的制度，再走回头路。"导师的话如重锤敲击着他的心鼓，开阔了他的胸襟，也给他的思维注入了最鲜活的东西。

朱清时听进了导师的话，他决心图"学问"不图"学位"，抓住机遇充实和提高自己。他除了在美国麻省理工大学进修外，还先后在美国加州大学圣巴巴拉分校、美国布鲁克海文国家实验室和加拿大国家研究院做客座科学家，在法国格林罗布尔、第戎和巴黎大学做客座教授，并曾作为英国皇家学会客座研究员在剑桥、牛津和诺丁汉大学工作。深厚的学识和广阔的视野，使他在物理、化学两个领域都取得了令人瞩目的成就，曾荣获1994年海外华人物理学会亚洲成就奖和1994年国际光谱化学杂志设立的汤普逊纪念奖。他被誉为"中国高校改革第一人""中国教育改革的传奇人物"。

回顾自己的人生选择，朱清时感慨万千，他说："我没有回头读博士，如果回头读博士，我的个人历史就要重写了。不受外界潮流影响，自己喜欢的事情，自己能干得很好，就继续干下去。我想，这即是我的一种观念。我的思维方式，可以用八个字来概括：唯真求实、灵活执着。"

第二辑

用心·动脑

我们都应该像罗丹所塑造的"沉思者"那样去勤于思考,为未来做准备。

——杨福家

引　题

院士的才干从何而来？他们自己的回答是：处处留心，勤于用脑，善于思考。

人有颗大脑，就是用来思考的。不动脑，不思考，当思想的懒汉，将大脑闲置，不仅是极大的浪费，而且根本谈不上科学研究和发明创造。

善于思考的前提有二：一是摈弃惰性，克服依赖性，舍得吃苦，肯于绞尽脑汁；二是摈弃随意性，克服主观主义，遵循事物客观规律，科学用脑，防止陷入明明违背常识却自以为"创新"的泥淖。

强调独立思考，保持自由精神和独立人格，这一点至关重要。人云亦云，随声附和，做别人的附庸，则永远不会超越，也永远不会有属于自己的成果。

保持一颗好奇心，凡事喜欢问一个"为什么"，才干和智慧往往由此而生。

中国两院院士 钱学森

晚年的新创见

20世纪70年代末80年代初,年近七旬的中国科学院资深院士、"两弹一星"功勋奖章获得者钱学森提出并大力倡导:创建思维科学,研究人类的思维规律。从此,这位中国"航天之父""导弹之父",又成了中国"思维科学之父"。

钱学森晚年的新创见,最早是通过上海人民广播电台公之于众的。1979年11月12日,上海人民广播电台的记者采访钱学森,一开头提出的题目是请他谈谈如何加快发展科学技术的问题。钱学森表示这个问题太大,我们还是谈点别的吧。他说:"我现在正在思考有关人类的思维规律问题,有些想法可能还不太成熟,还没有公开谈过,今天就先和你们谈谈吧!"于是,他向记者提出了一个问题:"不知道你们是怎么想的,人们在从事科学技术研究的过程中,除了逻辑思维之外,还有没有其他的思维方式?"

觉得很新鲜的记者试着回答:"是不是还要用到形象思维?"

像院士一样思考
——100位院士思维故事100例

院士小传

钱学森（1911—2009），应用力学家、航天技术和系统工程学家。出生于上海，籍贯浙江杭州。1939年获美国加州理工学院航空和数学博士学位。1955年回国，曾任中国科学院力学研究所所长，中国科学技术大学力学系主任，第七机械工业部副部长，中国空间技术研究院院长，中国人民解放军国防科委副主任，全国政协副主席，中国科协主席、名誉主席等职。1957年补选为中国科学院院士（学部委员）。1994年当选为中国工程院院士。1999年获得"两弹一星"功勋奖章。被誉为"中国航天之父"和"火箭之王"。发表论文500余篇。

钱学森高兴地说："对啊！还有形象思维，甚至有人说是灵感思维。我看搞科学技术的人不光是逻辑思维，我们在科研的实践中，怎样得到丰富的感性认识，然后又是怎样从感性认识上升到理性认识的呢？这个过程里面还有逻辑思维以外的思维方式。"钱学森接着说："过去我们有的同志不太愿意提这个，只要一说起灵感，总认为是唯心主义的东西。因为外国人说的灵感是神灵感受，而我们所说的灵感，实际上是人的观察、体验在头脑中的飞跃，仍然是一个实践和认识的问题，所以我们说它是唯物的。"这时，钱学森明确地提出了他的一个重要见解："现在逻辑思维我们研究得很多了，但逻辑思维以外的思维方式，究竟是怎么一回事呢？我们应该把它作为一门科学来研究。"

记者很有兴趣地边听边思考。钱学森又进一步告诉记者："这个问题并不是那么玄妙，也并不是那么不可捉摸。我们一方面可以从宏观上观察，即从心理学来研究；另一方面可以从微观上观察，就是从大脑神经来研究，研究这个是很有意义的。"

听到这里，记者不禁发问："研究人类思维的全过程，这与发展整个科学技术有什么关系呢？"

钱学森回答说："我们研究人的思维，就是为了充分发挥人的作用，因为我们如果掌握了人的思维规律，人的智慧与创造才能就能得到充分发挥，就能促进科学技术的迅猛发展。"

谈兴很浓、兴致勃勃的钱学森，还向记者提了个问题："不知在你们的概念里，社会科学放在什么地位？"

记者有些纳闷，心想您是研究自然科学的，怎么说起社会科学来了？钱学森看出了记者的疑惑，就解释说："自从马克思主义的世界观——辩证唯物主义世界观建立起来以后，大家就认识到所谓科学，就是对客观世界的规律性进行考察、研究、整理，成为理论性的东西。客观世界包括自然界，也包括社会，所以我们就不能把社会科学和自然科学截然分开。"他以系统工程的研究和实践，通俗易懂地说明了自然科学和社会科学的关系。他说："系统工程它既要用自然科学的一套东西，比如，要用数学、电子计算机，同时也要用社会科学的成果。因为系统工程就是要研究怎样在最短的时间内，以最少的人力、物力和投资，最有效地利用科学技术的新成就，来完成某一项科研或建设任务。一切工程都要讲求经济效益，这就涉及社会科学问题，所以，搞系统工程，需要自然科学工作者、工程技术人员和社会科学工作者紧密合作。"

这次独家专访在上海人民广播电台播出后，引起强烈反响。从此，由钱学森创建的思维科学，渐渐成了一个研究热点。

中国科学院院士 叶大年

博采众长　贵在结合

你可能知道，做学问搞科研要博采众长，但你是否懂得，博采众长需要在结合上做文章。在这一点上，中国科学院院士（学部委员）、著名矿物学家叶大年深有领悟。

叶大年勤于治学，注意从西方和苏联两方面的科研成果、方法中吸取营养。在他看来，西方的矿物学家在仪器方面占有优势，数据的精度高，但常常是"只见树木，不见森林"，"研究就是一切，目的是没有的"。而苏联的学者虽然在仪器方面不如西方，但在学术思想、理念上却略胜一筹。叶大年把苏联学者的长处和西方学者的长处结合起来，迅速取得了成果。

一个典型事例是，叶大年和同事从苏联学者的研究中获得选题的启发，利用西方学者的高精度实验数据，仅仅用了一个半月的时间，就解决了"用X射线粉末法同时测定斜长石结构状态和成分"这一矿物学长期没有解决的难题。单斜辉石是一种主要的

第二辑 用心·动脑

院士小传

叶大年（1939— ），矿物学家。出生于香港，籍贯广东鹤山。1962年毕业于北京地质学院岩矿专业。1966年中国科学院地质研究所研究生毕业。曾任中国科学院地质研究所研究员，北京大学地球与空间科学学院教授。1991年当选为中国科学院院士（学部委员）。发表论文170余篇。获全国科学大会奖、中国科学院自然科学奖二等奖、国家科技进步奖三等奖。

造岩矿物。早在1925年，著名的结晶学家威科夫就指出过，所有单斜辉石的衍射图都是相似的，但几十年来一直没有解决单斜辉石的X射线粉末法鉴定问题。叶大年从苏联科学院矿物博物馆文集里一篇不起眼的论文中得到启发，利用美国和日本科学家的数据，加上自己的实验数据和化学分析资料，完美地解决了这个问题。

另一个典型事例是，叶大年1971年在研究铸石学时，苏联格鲁吉亚地区1959年发表的一篇论文里的一句话引起了他的高度重视，促使他利用X射线衍射技术发现"假高压效应"，其结论10年后被英国学者麦肯奇和我国学者曾荣树的实验再度证实。

叶大年的科研成果是无可替代的。他开拓结构光性矿物学的新领域，提出了几十条定理和定性的规律；结合矿物材料科学，在中国首先开展玄武岩岩浆在不平衡条件下结晶作用的研究，发现假高压效应；研究颗粒随机堆积的体积效应，发现一系列新规律……叶大年之所以能在结合上做文章取得成果，前提是他对西方尤其是苏联有关文献了解甚多。他虽然没有出国留过学，但他在学生时代就读过许多俄文大部头专业名著和杂志。世界著名结晶学家、苏联科学院院士别洛夫一生写过近千篇论文，而且还发表了几百段结构矿物学的随想。叶大年对别洛夫的著作十分喜爱，认真学习，从中深受启迪。如今年轻人大都赶时髦学英语，而不学俄语，对此他不以为然。正如他自己所说："熟悉俄文文献是我获得成功的一个有利条件。"

这，大约也可以算作"独辟蹊径"吧！

中国科学院院士 张　煦

勇于放弃

提起中国科学院院士（学部委员）、著名通信工程专家张煦，社会公认他是最早参加我国通信建设的著名教授之一，在我国通信建设的历史转折阶段起了带头和推动作用。但是，人们也许不会想到，勇于放弃，却是张煦做出突出贡献的重要思想方法和思维方式。

20世纪80年代中期，国外一度竞相研究相干光纤通信。因为相干通信是利用外差检测，可以提高接收灵敏度，选择性好，信号还能密集传输，前景诱人。但张煦注意到，外差检测要有半导体激光器，而高稳定性能的半导体激光器不是轻而易举就可以设计、制造出来的。所以当时他主张我国暂时不搞这个项目，等待一段时间再说。果然，到1992年，新一代的光纤放大器作为成熟的产品出现在市场上，不需要很高的接收灵敏度了，再通过研究相干通信来追求高灵敏度已没有什么意义。因此，国外对相

院士小传

张煦(1913—2015),通信工程学家。江苏无锡人。1934年毕业于上海交通大学。1940年获美国哈佛大学科学博士学位。曾任交通大学电子工程系教授、系主任和名誉系主任。1980年当选为中国科学院院士(学部委员)。2003年获"全国光纤通信与集成光学杰出贡献奖"。共编著、译著著作和教材56部,公开发表文章400余篇。

干通信的研究也逐渐冷了下来。

20世纪80年代末,利用光孤子进行超长距离直达通信引起了人们很大兴趣。光孤子是光波在传播过程中的一种特殊状态,它的形状在传播过程中不会改变。光孤子的脉冲很窄,在光纤中经过很长距离传输后仍不失真,不受干扰,适合几千乃至上万米距离的海底光缆直达通信。有人主张上马研究这个项目,张煦却持异议,主张放弃,他认为我国目前不宜过早开展光孤子通信的研究,因为我国当前主要是发展陆上通信。陆上通信涉及许多中小城市、乡村,不像海底光缆那样从一端直达另一端。所以,我国应该把有限的技术力量投入更需要的陆上通信中去。

张煦这两项勇于放弃的决策,为我国通信事业的发展既节省了大量人力、物力、财力,又节省了宝贵的赶超世界先进水平的时间。

勇于放弃的同时,张煦还有执着坚守的一面。在科研工作中,他一旦看准哪个项目值得研究,就果断下决心,排除各种困难,坚持下去。20世纪80年代初期,光纤通信已初露端倪。当时国内通信行业的有关部门因满足于多路模拟通信,对光纤数字通信技术既不了解,也不热情,持观望态度。在这当口,张煦意识到光纤技术必定是今后通信技术的发展方向，中国必须立即行动，否则，将落后世界一大截子。于是，他和同事们多方奔走，大声呼吁，利用座谈、演讲、做专题报告等多种机会，极力宣传介绍光纤技术的巨大优越性和可行性，终于促成有关部门决策，投入人力物力资源进行光纤技术的研究开发，从而很快打开了局面。

"跟踪国际先进水平，既不要邯郸学步，也不要凡事与别人争高下，而应该清醒地从实际出发，从我国通信事业的实际需要出发，一切为了我国通信事业'多快好省'地发展壮大。"总结过去，展望未来，张煦深有感触地这样说。因为他清醒地认识到，只有如他所说"实事求是，唯实务实，有所为有所不为"，才是一条科学的发展之路。

中国两院院士 吴阶平

在传统认识面前做有心人

先后当选为中国科学院院士、中国工程院院士的著名医学家吴阶平,对微生物学奠基人巴斯德的名言"在观察事物之际,机遇偏爱有准备的头脑"深有体会。正是由于他在传统认识面前头脑有准备,做有心人,所以才在医学上不断有所发现,有所创造。

肾切除术是治疗多种肾疾病的重要措施。传统认识是需要做肾切除术时,只要另一侧肾正常,则接受手术者仍可有正常的健康和寿命。但是,吴阶平在长期临床实践中,注意到这种观点是把复杂问题过于简单化了。他通过临床观察,发现肾切除之后,留存肾的代偿性生长在不同接受手术者身上有很大差异。有的人代偿性增长非常显著,而有的人代偿程度从体积上看却较差。如果留存肾的代偿性增长差,则接受手术者的健康和寿命就有可能受到影响,因此他很早就有探讨影响肾代偿性增长各种因素的愿望。然而,由于条件所限,他的这一研究却迟迟不能进行。直到20世纪

第二辑
用心·动脑

院士小传

吴阶平（1917—2011），医学家。江苏常州人。1937年毕业于北平燕京大学。1942年毕业于北平协和医学院，获医学博士学位。1980年当选为中科院院士（学部委员）。1992年当选为第三世界科学院院士。1995年当选为中国工程院院士。我国泌尿外科学的奠基人之一。多次获得国家级科学奖和国外荣誉勋章、证书。发表医学论文150篇，主编出版医学书籍21部。

70年代末80年代初，才具备了进行这项研究的客观条件。

吴阶平带领他的几届研究生，孜孜不倦、扎扎实实地开始了肾代偿性研究。他的研究分三步进行：第一步是研究病人的年龄对做肾切除手术的影响。通过动物（大白鼠）的实验研究和细胞培养，证明年龄小的动物代偿性生长的能力强。第二步是研究肾切除手术后，促肾生长因子产生作用的关键时段。第三步是研究某些药物，如抗癌化学药物对代偿性生长的不良影响，以及研究降低这种影响的方法。在进行上述实验研究的过程中，同时对35名不同年龄的肾切除病人进行回顾性观察，发现其结果与实验研究一致。肾切除手术时年龄在50岁以下者，代偿性生长良好；年龄在50岁以上者代偿性差，肾功能降低。对促肾生长因子产生作用的关键时段的研究表明，对于小白鼠，留存肾的代偿性生长主要在肾切除后1～3天。对于人，肾切除后，血清促肾生长活性在术后3～10天达到峰值。在药物的影响方面，化疗药物对肾代偿性生长都有一定的不利影响。

这样，吴阶平凭借一颗有准备的头脑，时时处处做有心人，由临床实践发现了传统认识的不足之处，并从三个方面深入研究，揭示了影响肾代偿性增长的各种因素，既推进了医学理论发展，又提供了重要的临床意义。他说："医务人员只要头脑有准备，即使是很罕见的病例也可获得重要进展。"

中国科学院院士 薛社普

"大胆假说，多方求证"

他不是文史考据学家，"大胆假说，多方求证"却是他的座右铭，也是他的科研思路。在他身上，发生过因多方求证而否定他人假说和证实自己假说的正反两方面的典型事例，为他的座右铭和科研思路做了绝妙的注释。

他就是薛社普，著名细胞生物学家、中国科学院院士（学部委员）。

薛社普1951年获美国华盛顿大学（圣路易）理科哲学博士学位后回国，在高等院校教"人体胚胎学"，同时建立实验鸡胚和同位素放射自显影实验室，从事细胞分化规律及其调控的研究。当时正值新中国成立初期，国内兴起向苏联学习的热潮，薛社普对苏联科学院有关细胞起源的"活质学说"（靳柏辛斯卡娅假说）产生了兴趣。他针对其中与自己专业相关的"鸡胚卵黄球是活质，可演变成胚层细胞和血岛"的假说进行了体内和体外

第二辑
用心·动脑

院士小传

薛社普（1917—2017），细胞生物学家。广东新会人。1943年毕业于南京中央大学博物系。1947年获同校生物系硕士学位。曾任中国医学科学院基础医学研究所研究员、中国协和医科大学主任教授等职。1991年当选为中国科学院院士（学部委员）。1985年获国家计生委科技建设二等奖。1986年获五一国家科技攻关项目攻关成果二等奖。1986年、1988年、1991年获卫生部科技进步奖二等奖。

的实验验证，并以同位素35S-蛋氨酸为示踪剂追踪研究，在我国首次发表同位素放射自显影的论文，证明了卵黄球没有蛋白质合成代谢和自我更新能力，除了被细胞分解包吞时出现的假象外，本身不能形成细胞，因而对"活质学说"持否定观点。这些论文在当时发表颇有风险，但薛社普为了追求和坚持真理，没有考虑个人得失。后来的事实证明，靳柏辛斯卡娅假说在以后的许多方面没有通过苏联科学院和国际学术界的实验验证，最终被否定了。

薛社普的研究领域是细胞分化调控，医学上如肿瘤的恶变、畸形发生、组织转化、再生、创伤愈合和器官移植等问题，均与细胞分化密切相关，社会迫切需要了解引起异常分化的因素和予以控制的可能性。在这个方面，传统观点认为，一旦分化为特种细胞就不能逆转。对此，薛社普产生了疑问。因为他所掌握的许多临床病理实例表明，手术后的伤疤软组织可转化为软骨、硬骨；乳腺管上皮和子宫黏膜在某种情况下可以转化为多种类型组织。他在多年的神经细胞、胚层细胞、性腺细胞、造血细胞和肿瘤细胞的一系列研究中，也积累了有关细胞异常分化和去分化的一些规律性资料。据此，他认为，分化细胞并不像传统观点所认为的不可逆，而是在一定理化微环境和条件下可予以调控和逆转。于是，20世纪60年代初，薛社普大胆提出了"细胞增殖与分化存在可调控性"的科学假说。

大胆提出自己的假说之后，接下来必须通过多方实验进行小心求证。在相当长的一个时期内，薛社普在细胞分化与恶变两大领域，按照形成的探索验证"细胞分化的可调控性"的科研思路顽强攻关。1997年《自然》杂志发表的从高度分化的乳腺成体细胞克隆动物（绵羊"多莉"）成功，为"细胞分化的可调控性"和否定"分化细胞不可逆"的概念提供了有力的证据，也为今后继续在这一领域深入研究和通过调控细胞分化途径联系"分化疾病"的治疗，以及进行濒危珍稀动物的克隆研究奠定了理论基础。

薛社普将自己的科研思路挂钩在两个国家项目上：一是结合我国人口控制的男性生殖生物学规划，对生殖细胞的发生与分化的调控；二是结合红系肿瘤细胞的恶变机制，研究调控恶变细胞分化的途径。采用先进的手段，进行细致入微的实验观察，经过多次挫折，他终于发现了正常哺乳类红细胞中存在"去核分化因子"（简称EDDF）。红白血病显然与其失去了这种核因子（或浓缩因子）有关。通过细胞融合手段将这种因子输入癌细胞（包括红白血病的骨髓瘤）或用提纯的EDDF蛋白处理之后，则肿瘤细胞的恶性分裂受到控制，还出现核浓缩和激活了血红蛋白的表达，从而验证了他的假说。他的科学研究，将有可能为防治肿瘤和男性节育提供途径。

回顾自己半个多世纪的科研之路，薛社普总结道："**一个科研工作者应具备的素质是遵循科学的自然客观规律，实事求是，不盲从权威。**""**一项科学假说，可以大胆设想，但必须通过多方面的实验求证，并经受科学实践的考验。**"而在实验过程中，他常常提醒自己"要善于入微地观察，要抓住与正常时、空间关系有变异的发生环节，多剖析，多思考，发现问题，追根究底……"

中国科学院院士 杨叔子

"天赋猪权"

都说"天赋人权",何来"天赋猪权"一说?以思维活跃著称的著名机械工程专家、中国科学院院士(学部委员)杨叔子,曾巧妙运用"天赋猪权"原理完成打猪草任务。他身上发生的这个故事,不但让人听得兴味盎然,而且引发人的深长思考。

"文革"中,作为"臭老九"的杨叔子在农场劳动改造。有天晚上,领导交代任务,要他第二天去打猪草、猪菜,这一下让他犯了难。他想,自己没有养过猪,没干过这方面的活儿,哪认得什么猪草、猪菜?!手上又没有养猪方面的书,又不能去向农民请教,这不是刁难我吗?!怎么办呢?晚上,他辗转反侧,想了又想,终于有了办法。第二天上午,不到半天,他就把猪草、猪菜打回来了,交给了工宣队师傅。于是,发生了以下对话:

"是你打的吗?"

"是我打的!"

院士小传

杨叔子（1933—2022），机械工程专家。江西湖口人。1956年毕业于华中工学院。曾任华中理工大学教授、校长。1991年当选为中国科学院院士（学部委员）。致力于机械工程与有关新型学科的交叉研究，着重在机械工程中的信息技术与智能技术的研究，拓宽了机械工程学科的研究领域。在国内外发表学术论文500余篇，出版专著教材12种，获得国家级、省部级教学、图书重要奖励13项。获得国家自然科学奖、国家发明奖、省部级科技奖20项，专利5项。

"真的吗？"

"的确是我打的！"

"怎么打的？"

杨叔子恭恭敬敬地解释："这件事不难，把猪赶出去，猪吃什么，我就打什么。"

对方没有话说了。

后来，杨叔子总结说："**一个知识问题可以转变成一个思维方式、思想方法的问题**。当时，我不敢讲我是运用'天赋猪权'这条'原理'来解决这个问题的。""**思维是一个极为重要的关键。人之异于禽兽，在于人能思维；人与人的差异，很大程度上在于人的思维方式与思维水平的差异**。可以说，凡事业能取得成功，生活能过得幸福的人，莫不与思维方式和思维水平有着极为密切的关系。"

中国工程院院士 刘广志

善于找到突破口

如果要问探矿工程专家、中国工程院院士刘广志:"什么是优秀科技工作者的必备素质?"他会坚定地告诉你七个字:"善于找到突破口。"

作为国土资源部高级工程师,刘广志在探矿工程方面成绩卓著。1955年,他提出用轻便的深尺岩芯钻机代替笨重的石油钻机进行快速普查,在松辽平原打出了第一批油气发现井。1958年,他用小型地质钻探设备,创造性地处理了广西田东地区恶性失火井喷事故。1960年,他指导上海设计施工检测地面沉降量的全国第一批高精度基岩标、分层标及标孔,检测沉降量,提出了回灌地面水防降措施。他领导发明的"人造金刚石钻探配套技术",获1985年国家科技进步奖一等奖。此项成果使我国钻探工程技术跻身于国际先进行列,我国成为世界上全部采用人造金刚石钻探的第一大国。

院士小传

刘广志（1923—2014），探矿工程专家。出生于北京，籍贯广东番禺。1947年毕业于国立西北工学院。曾任国土资源部高级工程师。1995年当选为中国工程院院士。发表科研论文300余篇，撰写和编著专著34部。1985年获国家科技进步奖一等奖。1997年获地矿部科技进步奖一等奖。2000年获世界华人重大科学技术成果奖。

人造金刚石钻探技术的问世，是刘广志善于找准科研突破口的精彩案例。

20世纪50年代末60年代初，我国地质钻探事业发展迅猛，工作量大增，但钻探工程却效率低，质量差，成本高。当时钻探中软岩层主要使用各种不同镶嵌式的硬合金钻头，钻探硬岩层主要使用铁砂，后改用钢丝切制的钢粒，钻速低，钢材耗费惊人。地质钻探主要是为地质找矿服务的，钻探对象又以固体矿产为主，落后的钻探工艺使我国地质钻探面临两大难题：一是钻进速度低，有的甚至用常规方法钻不动；二是取矿芯数量不足，品质不高，严重影响了矿床的评价速度、质量和准确性。

从何处着手改变这种落后的局面呢？主攻方向应当定在哪里呢？刘广志从分析主要矛盾入手，认为要解决这些难题，还得从改革钻探磨料入手——以钻头为突破口。解决主要矛盾的方向，就是采用金刚石为钻头磨料。理由很简单，地球上再没有比金刚石更加耐磨的材料了，西方国家使用金刚石做钻头已有近100年的历史。但在中国，天然金刚石资源极为稀缺，它的价值比金子还要贵重。针对中国的实际，刘广志提出从两方面入手：一是自主研制人造金刚石；二是缩小现有钻探管材的系列口径，使钻头缩小，以减少金刚石的用量。他的建议得到国家地质部的充分肯定，并发文下达了任务。

使用金刚石的方向确定后，刘广志又从分析主要矛盾的主要方面入手，提出"立足国内，协同攻关"的设想，以确定切合实际的技术方针。因为当时资本主义国家对华搞封锁，金刚石的产品不卖给中国，必须走自力更生之路。研制人造金刚石是一个复杂的系统工程，涉及固体物理学、高温高层物理学、粉末冶金学、材料学等多门学科，并涉及粉末冶金、触媒材料、高纯炭精粉等合成材料的工艺，以及高温高压设备等。为此，在有关部门的牵头和协调下，刘广志院士组织了有关院所和行业专家分工合作，经过奋力拼搏，集体攻关，于1963年成功地制造出了第一颗人造金刚石。经鉴定，人造金刚石钻头的性能并不比天然金刚石钻头逊色，国产金刚石钻头的效果并不比国外金刚石钻头的效果差。

从1970年开始，人造金刚石钻头大规模推广，获得了可观的经济效益。以1984年为例，这一年获地矿部奖励的50个地质找矿项目中，就有28个用了人造金刚石钻探方法进行普查勘探，其潜在资源价值高达7500亿元。国外用了100多年才得以普及的小口径金刚石钻探技术，在中国大地上只用了20年就取得了丰硕成果。

对此，刘广志总结道："作为一个科技工作者，多年来的工作实践使我悟出了这样一个道理——科技工作者不但要有知难而进的大无畏精神，更要有找到克服困难的途径和方法的智慧与谋略。在科学探索的征途中，善于找到解决疑难问题的突破口，是一个优秀科技工作者必备的素质。"

中国工程院院士 陈秉聪

从生物界寻找启迪

看到水田之中牛、马行走，一般人并不在意，而对著名农业机械设计制造专家、中国工程院院士陈秉聪来说，却是触发灵感的大好机缘。有效地解决了轮式拖拉机难以下水田作业的问题，"半步行式水田轮"就是这样发明的。

陈秉聪1948年获美国伊利诺伊州立大学航空机械系硕士学位，回国后长期从事农业机械及拖拉机的科研与教学。经过不懈努力，他和同事们研制出了适合我国水田运作的"塑料镶齿水田轮拖拉机"。该型拖拉机在水田中运作性能较好，行走时大大减轻黏附现象，能够连续工作。然而，陈秉聪并没有满足，他感到改型拖拉机的行走速度，还要继续改进，以提高效率的空间。

陈秉聪是个善观察、爱琢磨的人。他注意到，水牛在水田中行走速度比马快，而且省力，这是什么原因呢？他经过反复观察、思考，终于发现了奥秘。原来牛蹄子是两瓣的，在下水田时，

第二辑
用心·动脑

院士小传

陈秉聪（1921—2008），农业机械设计制造专家。山东龙口人。1948年获美国伊利诺伊州立大学航空机械系硕士学位。曾任吉林大学（原吉林工业大学）、青岛大学教授。1995年当选为中国工程院院士。长期从事在农业机械及汽车拖拉机领域的科研与教学，开辟了"软地面行走机械"新领域，处于国际领先水平。发表论文250余篇，专著3部。1987年获吉林省科学大会奖——半步行式水田轮。1987年获加拿大蒙特利尔国际发明博览会金奖——机械式步行轮。1993年被授予机械工业部高校科技突出贡献奖。

可以减少阻力，增大压强，从而省力；而马蹄子是一个整体，在下水田时阻力大，自然要费力了。他由此联想到，拖拉机在水田中行走时也十分困难，原来它的轮子与马蹄子一样，也是整个的，如果仿照牛蹄子的构造，拖拉机行走困难的问题不就解决了吗？于是，他想到了把水牛行走原理应用于水田行走机构设计之中，开始了"半步行轮"的研制。

1977年，陈秉聪发表了论文《从半步行轮的试验研究中对水田行走机构的一些问题的探讨》，阐述了半步行轮的试验研究情况，从半步行轮出发对水田行走机构的行走阻力以及推进力的改进提出了设想，得出了"半步行"的概念和理论，从而为步行车辆设计奠定了基础。不久，他和同事们研制出了"半步行式水田轮"，有效地解决了轮式拖拉机难以下水田作业的问题。"半步行式水田轮"在我国深泥脚（25～30厘米）和半干半湿水田中行走取得了良好效果，经在宁夏推广使用，得出了这样的科学鉴定：它具有行走阻力小，牵引力大，牵引效率高，越障阻性能好，通过性能高等优点，为我国水田行走机构辟出了新途径。

为解决"半步行式水田轮"在硬路面上运输时振动大的问

题，陈秉聪他们又做了一系列改进，研制成"机械式步行轮"，并提高牵引效率23%。该机构1988年获加拿大蒙特利尔国际发明博览会金奖。

陈秉聪说："'半步行式水田轮'的发明，使我进入了全新的'地面机械仿生技术'研究领域。我为大自然的巧夺天工由衷地感叹，自然界中的生物，经过千百年的进化，具有独特的、奇妙的构造和种种神奇的功能，它们为人类提供了仿效的原型，提供了从生物界寻找发明和发现的启示。模仿它们的构造和行为、特异的功能，是启发思路、获取发明创造契机的重要方法。"

中国科学院院士 马宗晋

从粗略认识入手

中国科学院院士、著名地质学家马宗晋,是地质学大师李四光的学生。他牢记导师的一句名言:"**请看科学发展史中,该有多少重大自然现象的发现,是从对渺小事物的粗略认识开始的。**"从而他经常注意从常见的渺小事物或现象的细心观察和粗略认识中,寻求发现自然奥秘的途径,并且取得了不凡的成就。

马宗晋忘不了,李四光曾拿一块岩石标本教他由小看大、由观察现象到理论抽象的思维推理方法。他研究生毕业后,决心从研究小构造的形成机理开始他的科研旅程:他迷上了构造缝的成因研究,成了一个"裂缝迷"。他在黄陵背斜的东南部一个不到几平方公里的岩石露头上,进行了96个观察点的素描;他对许多公园里露出的岩石表面进行观察,分析其节理面上规则而美丽的花纹;甚至看遍了地质研究所内厕所墙瓷砖面上的裂纹,进而动手做岩石、黏土的力学实验,做瓷片、有机玻璃的冲断实验。

像院士一样思考
——100位院士思维故事100例

院士小传

马宗晋（1933— ），地质学家。吉林长春人。1955年毕业于北京地质学院普查系。1961年从中国科学院地质研究所研究生毕业后留所工作。曾任国家地震局地质研究所所长、研究员，北京大学地球与空间科学学院学位委员会主任，国家减灾委员会下设专家委员会主任。1991年当选为中国科学院院士（学部委员）。发表论文200余篇，专著与编著20余部。获国家地震局科技进步奖一等奖6项，获国家科技进步奖二等奖2项。

有一次，他在一个厕所中看到一块玻璃被击打后的裂缝，突发奇想：这石子是从外面打的还是从里面打的呢？于是马上联想到他对节理面上花纹的观察，并开始做打击玻璃的实验，在裂面上细看花纹的展布。他终于发现，尽管裂纹的花形千变万化，但都可以追出一个收敛的根点，那就是打击点，并指示打击的方向。他进一步做实验，又证实了他的推论。他高兴极了。几年的迷恋，使他对节理的力学成因、分期和配套认识产生了理性升华。他之所以迷于裂缝，是由于认识到节理作为地质变动中最基本的力学表象，对构造地质学的基础意义，犹如生物学中的细胞，对基础认识愈深，其扩展也将愈广。

基础打扎实了，马宗晋开始着迷于对地震前兆的研究探索。地震预报是世界性难题，对地震前兆研究探索的意义不言自明。他一头扎进中国科学院图书馆，在那里翻阅资料长达3个月。在这些庞杂的资料中，他发现了清末民初一位小官吏整理的全国20余种灾情的手本，其中描述地震时有"奇异的光象"的说法。这些原始的、粗糙的甚至是真伪难辨的纪实，在洋洋大观、严谨缜密的科学论著中是难以见到的。他珍重这些野记陋文，在思考中坚信了"地光"之类的地震激发前后的真实。于是，他在1974年发表了《地光》一文，并引论临震前兆的特征。他的这一研究成果，随即被1975年发生的海城地震所证实，90%的灾民见到了他所说的"地光"和其他丰富的临震现象。

后来，马宗晋把他治学的第一个工作心得，概括为从对细小事物的粗略认识入手扩展和深化到事物内部，并且引起对科学奥秘的探索而"呆"而"迷"。他说："安于'呆迷'而又迷中有思，确是科学建树的必经之途。"

中国科学院院士 郭景坤

喝茶时的灵感

因一次偶然喝茶而发现一项重要技术的故事,发生在著名材料科学家、中国科学院院士(学部委员)郭景坤身上,读来颇有意思。

20世纪50年代末60年代初,我国经济和国防建设急需大功率微波调速管,但由于西方国家的经济技术封锁,我国只能自力更生,自行解决。生产这种微波调速管的关键在于解决高铝氧陶瓷件及其与金属件的封接问题。技术上要求既不影响陶瓷器件的介电性能,又要密封性能良好。由于当时我国在这方面研究的设备基础很差,要解决生产微波调速管这个难题,困难重重。

当时在中国科学院上海硅酸盐研究所工作的郭景坤接受任务后,立即投入了艰辛的研究。为找到研究工作的突破口,他分析认为,陶瓷与金属的连接当时并没有什么成功办法,将这两种不同材料直接连接是非常困难的。但是,如果寻找一个过渡相,形

第二辑
用心·动脑

院士小传

郭景坤（1933—2021），材料科学家。出生于上海，籍贯广东新会。1958年毕业于复旦大学化学系。曾任中国科学院上海硅酸盐研究所研究员、博士生导师、所长，上海市新材料研究中心主任。1991年当选为中国科学院院士（学部委员）。1999年当选为发展中国家科学院院士。1981年获国家发明奖一等奖。2004年获何梁何利基金科学与技术进步奖。发表论文360余篇，合著、编和译书籍14种。

成一个界面，问题也许可以迎刃而解。而这个过渡相必须满足两个条件：一是该过渡相与陶瓷要有一定的反应，从而使二者连接在一起；二是该过渡相与金属要有非常好的润湿。明确了这个思路，郭景坤和同事们开始做实验。经过反复筛选材料和无数次实验研究，终于找到了通过高铝瓷的金属化使陶瓷与金属封接的方法。这个问题的解决以及以此为基础的大功率微波调速管的研制成功，发展了我国微波传送及卫星传送事业。

随后，核工业部又下达了另一项重要科研项目。这是一种特殊的陶瓷金属封接件，它既要耐强酸强碱的交替腐蚀，又要具有一定的防辐照能力。如此苛刻的使用环境，对陶瓷金属封接件提出了更高的要求。一般的寻常材料，根本不在考虑之列。

郭景坤深知，既耐酸碱又耐辐照的金属只有黄金和铂金，但黄金或铂金怎样才能连接到陶瓷表面上呢？这是个难题。一开始，他们采用的封接方法效果都不理想，研究工作陷于停顿。有一天，正为难题而犯愁的郭景坤在喝茶时，偶然看到茶杯上的金镶边与陶瓷结合得很好，他一下子受到启发，来了灵感。他想到陶瓷的铂金属化，以黄金为焊料来封接，随后详细做了研究与实验，发现效果良好。

就这样，最后采用的陶瓷与黄金封接技术，竟然因一次偶然喝茶而诞生了。

因喝茶而解决封接难题，郭景坤总结为"联想式的启示"。对此，他进一步解释说："大学只是教会了人们读书的方法，很多知识都是在工作岗位上才能学到的。在科学研究的道路上，阅读各种文献是必需的，但文献只能给我们以启示，切不可盲从，要有自己的思路，自己的工作方法。只有这样才能有所创新，才能研究出属于我们自己的新东西。"

中国工程院院士 张炳炎

舰船设计师的汽车缘

造水中行驶的舰船与造陆地行走的汽车,似乎风马牛不相及,但在著名舰船研究设计专家、中国工程院院士张炳炎那里,却得到了和谐的统一。原来,张炳炎有一个独特的学习方法,这就是将学习书本知识和留心观察现实事物结合起来,力争收到二者相辅相成之效。他由这种学习方法结出的汽车缘,在舰船设计界传为佳话。

20世纪60年代初,从苏联列宁格勒造船学院毕业不久的张炳炎在外地出差时,看到一种进口的大型公交汽车,一下子被汽车外形吸引住了,真可谓"一见钟情"。此后,他多次乘车进行仔细观测,留下了深刻印象。后来,他在设计船时,感到庞大的上层建筑的一些技术和外形问题很难处理得当,便想到了那种汽车的一些设计思路,于是加以借鉴将船的上层建筑左右两侧采取适度内倾。没有想到,当时这种设计不但很难被人理解和接受,

院士小传

张炳炎（1934—2012），舰船研究设计专家。山东庆云人。1960年毕业于苏联列宁格勒造船学院。曾任中国船舶工业第708研究所研究员、博士生导师。1995年当选为中国工程院院士。1985年获国家科学技术进步奖三等奖。1987年获中船总公司科技进步奖三等奖。1988年获国家科学技术进步奖三等奖。

而且遭到激烈反对。在张炳炎坚持不懈的努力之下，他的这种独树一帜的设计才最终得以实施。该船建成后，在试验和使用中，不但因外形美观而得到广泛赞誉，更重要的是这种设计抗震性能特别好。相比之下，另一条上层建筑内侧没有采取内倾的基本同型船的驾驶室，则有非常明显的水平横振。张炳炎的汽车缘，第一次结出了丰硕果实。

十年之后，张炳炎和研究所的同事们第一次在船上设计直升机系统时，遇到了一个十分关键、直接关系到直升机降落安全的旋翼端点距停机坪前方障碍物距离问题。这是一个新的拦路虎。当时没有可供参考的资料，经过反复研究也找不到答案。后来一次偶然的机会，张炳炎发现这个问题与大型载重汽车在急刹车后的滑动冲距问题有相似之处。于是，他又借鉴汽车的刹车现象，通过类比联想，终于顺利解决了直升机降落问题。张炳炎的汽车缘，又一次结出了丰硕果实。多年之后，他们看到外国有关资料规定的数据，同他们当时的设计数据是大致相同的。

有感于自己的汽车缘，张炳炎总结出了八个字："留心观察，为我所用。"

中国科学院院士 林励吾

重视科研中的"负结果"

著名物理化学家、中国科学院院士林励吾，20世纪60年代为解决当时国内航空煤油短缺问题做出了突出贡献，也使他有了重视科研中的"负结果"的深刻体会。

20世纪60年代初，由于我国缺乏石油，加之中苏关系恶化，苏联中断了对华石油供应，当时我国的经济、国防安全受到了严重威胁。由于缺乏军用航空煤油，空军陷入无法起飞的窘境。大庆油田的建成，为受贫油严重困扰的共和国带来了希望和生机，可是，大庆油田属于石蜡基原油，含蜡量高，由此带来的凝固点过高的问题使石油加工遇到困难，必须经过先进的二次加工技术，才能生产出国家急需的优质油品。

1963年，在中国科学院大连化学物理研究所工作的林励吾和同事们组成课题组，接受了从大庆凝固点很高的含蜡原油中生产低冰点航空煤油的任务。林励吾他们分析认为，这个任务的关键

院士小传

林励吾（1929—2014），物理化学家。广东汕头人。1952年毕业于浙江大学化工系。曾任中国科学院大连化学物理研究所研究员、学术委员会主任。1993年当选为中国科学院院士（学部委员）。发表论文400余篇。1964年获国家发明奖。1978年获全国科学大会奖。2005年获国家自然科学奖二等奖。2008年获第二届中国催化成就奖。

是研究同时具有加氢和异构裂化两种特殊功能的催化剂，以便用含蜡油直接生产航空煤油，无须采用尿素蜡的方法。他们根据原先在煤焦油加氢裂化研究时积累的经验，再结合国外文献报道的结果，总结提出了"电子-酸性催化剂相互作用"的论点。在全组共同努力下，经过反复实验，终于在实验室研制出了我国第一代加氢异构裂化催化剂，代号为219催化剂。然而，把实验室成果转到工厂放大后生产出的219催化剂，却完全没有活性。放大失败了！

林励吾他们没有灰心，坚持寻找失败原因。经过分析，他们发现在实验室里制成的219催化剂是模板成型的，而在工厂放大生产出来的219催化剂却是压片成型的，催化剂经过压片后，孔隙完全压死了，所以，失去了活性。于是，他们用硝酸铵处理了一下，结果活性完全恢复了。受此启发，他们改进了制备技术，使219催化剂工业化生产得以成功。在此基础上，他们又将这项技术推向工业化，在大庆建立了我国第一套30万吨/年规模的加氢异构裂化装置。1967年，这套装置第一次开车成功，顺利投产，黑稠稠的大庆重油变成了冰点低于-60℃的航空煤油，解了人民空军的燃眉之急。

219催化剂的研制成功，不仅为我国石油炼制工业的发展做出了贡献，同样有意义的是，从催化剂经过压片成型后活性消失的失败结果中，林励吾他们认识到这类催化剂是不能用压片成型的方法生产的，必须另辟蹊径。后来，他们克服重重困难，研究出了另外几种成型的方法，使催化剂的生产技术趋于成熟。

解决大庆油田高含蜡油的加工问题令林励吾深有感悟。后来，已经当选为中国科学院院士的他总结说："30年了，这件事给我留下了深刻的印象。在科研工作中，有时得到了预期的结果，即所谓正结果；有时也会出现与预期相反的结果，即所谓负结果。我们当然希望正结果，但也不忽视负结果。对于出现了负结果的实验，既不沮丧也不漠然处之，而是应该照样整理资料，分析研究。我认为，存在总是合理的。既然出现了负结果，肯定有出现这种结果的条件、环境，认真找出这种结果和条件、环境的内在联系，改进、演化研究工作，就不至于重蹈覆辙。可见，**负结果往往会引出正结果，失败也是财富，要善于从失败中孕育成功。**"

中国工程院院士 张立同

用"简单"对付"复杂"

用"简单"对付"复杂",是著名铸造、高温结构陶瓷及其复合材料专家,中国工程院院士张立同的思维方法。她说:"在许多材料技术的科研课题中,我总是首先集中精力抓住问题的实质,然后去研究寻找最简单而廉价的解决办法。对于一个复杂的问题往往采取简单的办法就可以解决,而人们的思维过程却往往需要经历由复杂到简单的过程,所以我认为'提出简单的方法'是思维的高级阶段,'简单'比'复杂'更难。"

有两个例子可以说明问题。

一个是:张立同提出"刚玉型壳在铸件浇铸过程中软化是造成叶片增厚的主要原因"的观点时,曾遭到不少人的反对,理由是刚玉的耐火度高达2000℃,怎能在1200℃变形呢?张立同通过对电熔刚玉型壳高温强度变化规律的测试和对玻璃相形成理论的具体分析,终于证明了电熔刚玉型壳的软化变形是型壳中的

第二辑
用心·动脑

院士小传

张立同（1938— ），女，铸造、高温结构陶瓷及其复合材料专家。出生于重庆，籍贯辽宁海城。1961 年毕业于西北工业大学。曾任西北工业大学教授、博士生导师。1995 年当选为中国工程院院士。2004 年获国家技术发明奖一等奖。

Al_2O_3 及其杂质 Na_2O 与黏结剂 SiO_2 形成低共熔物玻璃相所致。她分析，要解决这个问题，无非有两种途径：一条途径是要求生产电熔刚玉的厂家设法去除 Na_2O，这会使本来已十分昂贵的电熔刚玉更为昂贵；另一条途径是寻找在高温下不与 SiO_2 黏结剂起化学反应的陶瓷耐火材料。循着第二条思路，她和同事们于 1976 年研制成功用廉价的煅烧上店高岭土代替昂贵的电熔刚玉作为加固层型壳材料，不仅大大降低了型壳材料成本，而且为开拓我国盛产的高岭土（包括煤矸石）在熔模铸造中的应用提供了理论依据。

另一个是：1987 年，张立同从铸造转向陶瓷后，承担的第一个课题是"863 计划"航天飞机隔热瓦用"高纯超细石英纤维的研制"。这一项目来之不易，尽管她经过艰苦的论证，使课题得以立项，但由于当时她任教授的西北工业大学方面对纤维还是门外汉，没有技术优势，专家组对他们的实力也表示怀疑。她意识到，必须另辟蹊径，才有竞争力。她带领课题组首先对国内生产的 SiO_2 纤维的现状进行调研，发现沥滤法是一条廉价途径，它的成本只是熔融拉丝法的十分之一，但是现有产品的纯度不高。他们对纯度不高的原因进行测试和分析，发现其中含有的无法沥滤去除的杂质是影响沥滤法制备高纯的 SiO_2 纤维的关键。于是她提出了"利用现有生产线，通过提高高硅氧纤维用玻璃纯度来保证纤维纯度"的廉价技术途径，以代替昂贵的熔融石英拉丝法，并联合在制造玻璃和生产纤维方面有优势的厂、所组成攻关组。由于技术路线正确，队伍组成合理，结果只用半年时间，就试制出一定量的高纯超细石英纤维样品。受到"863计划"专家组的高度评价，课题被评为当年为数不多的 A 级。

牛顿力学的精粹之一就在于把复杂问题简单化。张立同的科研成功，也正是活学活用了这一点。

中国工程院院士 傅廷栋

寓于偶然中的必然

华中农业大学农学系著名教授、中国工程院院士傅廷栋，对哲学中的偶然与必然有着深刻理解：**偶然之中有必然，必然性寓于偶然性之中。**

当年，从华中农学院（华中农业大学前身）毕业留校的傅廷栋，为了给油菜杂种优势利用研究提供有价值的材料，琢磨着要寻找天然雄性不育。1972年3月，他与同事们在学校的油菜科研田里一株株地观察，找了3天，一无所获，从数万个单株中，居然没有发现一个理想的雄性不育株。他没有灰心，心想在大田里没有找到，可以到原始材料圃去看看。3月20日，他一大清早就钻进了油菜试验田里，对一个个小区、一株株植株乃至一朵朵小花都不放过，细心寻找。当他走到种有"波里马"品种的原始材料圃的小区时，忽然眼前一亮，一株与众不同的油菜植株映入眼帘：花朵雌蕊发育正常，围绕雌蕊的6个花药（雄蕊）都呈萎缩

院士小传

傅廷栋（1938— ），作物遗传育种专家。广东郁南人。1960年毕业于华中农学院农学系并留校工作。1965年于该校作物遗传育种专业研究生毕业。被誉为"杂交油菜的开拓者""改革开放以来中国种业十大功勋人物"。1995年当选为中国工程院院士。1978年获全国科学大会奖。1996年获国家科技进步奖一等奖。1990年和1995年分别获国家教委、湖北省科技进步奖一等奖，1996年获国家科技进步奖一等奖，何梁何利基金科学与技术进步奖。

状态。他赶紧用手一摸，没有花粉！这不正是他所苦苦寻找的雄性不育变异吗？真是"踏破铁鞋无觅处，得来全不费工夫"。惊喜过后，他进一步搜寻，又找到了19株与上述同样的不育植株。当晚，他把这个令人兴奋的发现报告了导师刘后利教授。第二天，刘教授通过仔细研究，确认这是典型的自然突变雄性不育株。当年春季，傅廷栋就测交了45个组合。这个发现，揭开了国际上"甘蓝型油菜波里马细胞质雄性不育研究"的序幕。

傅廷栋的偶然发现，是他对油菜杂种优势研究孜孜以求的必然回报。他是新中国第一位油菜遗传育种方向的研究生，此后40年来一直活跃奋战在油菜遗传育种科研和作物遗传育种教学的第一线。

1973年7月，全国油菜科技协作会议在武汉召开，傅廷栋把波里马雄性不育油菜自由授粉的种子赠送给全国近10个省的同行，使之在更大范围内开花结果。1976年，湖南省农业科学院利用这一材料首次实现"三系"配套。1981年，江苏省农业科学院把它赠送给澳大利亚同行。此后，它逐步传播到世界各油菜生产国，在更大的范围内造福人类。

第二辑
用心·动脑

1991年7月，4年一度的全世界油菜科学家盛会——第八届国际油菜大会在加拿大召开，近50个国家、地区的680多位代表出席。大会专门为傅廷栋举行了隆重的颁奖仪式，授予他世界油菜科学界最高荣誉——"杰出科学家"奖章和证书，以表彰他在发现波里马雄性不育及发展国际杂交油菜方面做出的卓越贡献。

中国工程院院士 俞大光

"从追踪原因中求解问题"

"认真抓住试验中出现的种种现象,特别是那些与当前发生的问题可能有关联的现象,进行理论分析,辅以模拟试验,往往能求得问题的解决。"

这是为中国核武器的研制、定型和人才培养做出了重大贡献的电子技术专家、中国工程院院士俞大光的经验之谈。

在我国首次空投核试验时作为中国工程物理研究院研究员的俞大光,受命担任遥测组组长,在试验现场执行任务。正式试验前,有一次全场综合预演,由飞机投下不带核材料的模拟核弹,以供地面设备联检。然而,在遥测站地面检测并与主控站联检均无问题的前提下,开始参与全场综合预演时,却发现了较强的干扰,导致两套地面遥测设备中的一套设备信号多次散乱,并影响到通过遥测设备转发的遥控信号。

问题发生后,经过全站技术人员的反复研讨,认为干扰可

第二辑
用心·动脑

院士小传

俞大光（1921—2017），电子技术专家。出生于辽宁营口，籍贯浙江绍兴。1944年从武汉大学工学院电机系毕业后留校任教。1953年从哈尔滨工业大学研究生毕业。曾任二机部九局设计部副主任、电子工程研究所所长、九院副院长、某战略武器型号第二总设计师。1995年当选为中国工程院院士。为中国核武器的研制、定型和人才培养做出了重要贡献。获1984年国家发明奖二等奖、1985年国家科技进步奖特等奖、1987年部级科技进步奖一等奖。

能来自外部；但从两套地面遥测设备并非都出现信号散乱的情况看，自身抗御干扰的能力不强也是可以肯定的原因。思想统一后，俞大光带领大家从两方面开展工作：将遥测地面设备做了一些修改，并要求在正式核试验时，场区内一切频率或倍频接近遥测信号载频的无线电发射设备，都必须在飞机投弹后立即关机。然而，即便这样做了，正式核爆试验时干扰现象仍然存在。当时，俞大光提出，地面遥测设备中用以监测信号强度的八线振子示波器摄取的信号强度曲线，为什么在起爆后并非骤降到零，而只是逐渐地下降？这一过程持续了相当长一段时间（数十秒），原因何在？经过约一年时间的苦苦寻找，遥测组的李幼平同志在一次地面试验中，偶然发现了安装在飞机弹舱内、俞大光他们设计的用以转发遥测信号到机外天线的载频放大器，在无外加激励时构成自激振荡，并认为这就是那次核试验中遥测受到干扰的同频干扰源。此后，经过另一次空投核试验的有意安排，证明了这一判断的正确性。

在一次导弹飞行试验中，俞大光带人在发射阵地检测中发现，已经检测好的遥测数据采集器，经过一夜时间，再次检测却出现故障而不能工作。当要求查清并排除故障时，却又涉及已装好封好的整个弹头的重新拆装，怕影响可靠性。怎么办？后经上级研究决定，此一故障不再通过拆弹排除，结果非常令人遗憾：此次遥测完全失败了！

问题出在哪里？已经检测好的遥测数据采集器为何一夜发生变故？俞大光带人从该型号遥测数据采集器入手，进行地面模拟试验，终于得出结论：故障是个别器件失效造成的，但根本原因是设计中缺乏可靠性设计方法。

正如俞大光自己所说，"从追踪原因中求解问题"，使他打掉了一个又一个科研上的"拦路虎"，成为在核武器的引爆控制和遥测技术方面的著名专家。他担任我国第一代核武器最后型号的总设计师并完成定型工作，参加并审核、制定院军标、国军标和国家标准数十项，先后荣获1984年国家发明奖二等奖、1985年国家科技进步奖特等奖、1987年部级科技进步奖一等奖。

中国两院院士 王 选

"成功是失败之母"

在中国科学院院士、中国工程院院士王选教授身上,有过险些被"成功"引入歧途的曲折经历,令他刻骨铭心,终生不忘,并由此悟出一条新鲜哲理:"成功是失败之母。"

20世纪60年代中后期,作为计算机专家的王选在软、硬件两方面实践的基础上,曾构思了一种新的计算机。根据对300多个 ALGOL 和 FORTRAN 源程序的粗略估计,这一新设计与当时流行的 IBM360、IBM370 相比,目标程序的长度约为1:2,性能有不少改善。这些优点一度使王选陷入"自我欣赏"而继续研究。直到1974年王选才认识到,目前在中国从事这一方向的研究是错误的,因为我国在当下没有实力使一种与国外完全不兼容的计算机在世界市场上占有一席之地,他这种所谓的"创新"的计算机所带来的好处远远抵不上"不兼容"所带来的严重后果。此后,王选头脑变得清醒起来。三年后的1977年,有人好心地要组织

像院士一样思考
——100位院士思维故事100例

院士小传

王选（1937—2006），计算机专家。出生于上海，籍贯江苏无锡。1958年毕业于北京大学数学力学系。曾任北京大学教授、计算机研究所所长、文字信息处理技术国家重点实验室主任，电子出版新技术国家工程研究中心主任，中国科协副主席，九三学社中央副主席，方正控股有限公司董事局主席等职。1991年当选为中科院院士（学部委员）。1994年当选为中国工程院院士。第三世界科学院院士。获2001年度国家最高科学技术奖。2009年被评为100位新中国成立以来感动中国人物。2018年被授予"改革先锋"称号。2019年被评为"最美奋斗者"。

人马实现王选的所谓"创造"。当时，我国的科技人员习惯于拿国家的钱从事攻关，不管有无效益，有个鉴定会便可交账，因此对决策正确与否的严重性重视不够。但已经觉悟的王选知道如果真要这样做，也许会给他带来一定的"名望"，但那是虚名，最终将是劳民伤财而毫无结果。于是，他果断地拒绝了。

无独有偶。80年代末，北京有一家著名的高新技术企业，把多年积累的利润用于开发某种型号的机器。按说，这一方向并没有错，但采用的总体设计方案却是过时的，尽管在局部有所创新，但总的技术路线是错误的。按照中国的惯例，这一项目召开了隆重的鉴定会，得到了"国内首创、填补空白、国际水平"一类的评语，还在媒体上做了突出报道。结果费了九牛二虎之力完成的机器，却没有市场，这家在外面名声很大的企业，实际已经亏损和面临危机。再加上其他的严重问题，这一曾经辉煌的企业从此伤了元气，一蹶不振。

联系自己的经历，反思北京这家著名高新技术企业的教训，王选得出了"成功是失败之母"的结论。他说："从小时候起，我们就受到'失败是成功之母'的教育，这一至理名言可以激励我们百折不挠、排除万难去争取最后的胜利。但是对于一个高新技术企业而言，一两个重大决策错误就会导致企业的严重滑坡甚至破产；加上技术发展太快，机遇一旦失去就很难弥补。所以，失败有时很难成为本企业的成功之母，最多只能供其他单位借鉴，吸取教训而已。**对于正处于兴旺时期的高新技术企业，则要警惕'成功是失败之母'，因为今天的巨大成功中常常隐藏着潜在的危机，也即未来的'失败之母'。**"

中国科学院院士 苗永瑞

让头脑时刻有准备

"**机遇偏爱有准备的头脑**",著名天体测量及时间频率专家、中国科学院院士(学部委员)苗永瑞对此深有体会。在科研中,为了抓住机遇,求得突破,他真正做到了让头脑时刻"有准备"。

20世纪70年代,我国开始研制洲际导弹和发展航天事业,在时间上要达到微秒级同步,为此,国家要求进一步改进授时系统。苗永瑞提出用长波脉冲信号来授时,以满足对时间的新要求。这一建议被国家所接受,于是,苗永瑞负责设计长波授时台的技术方案和总体工程。

1978年,长波授时台系统工程的试验台正式上马。苗永瑞回到陕西(时任陕西天文台名誉台长),研究电离层的周期变化。这是他在长波授时台的建立过程中不失时机所做的相关研究。一天中午,苗永瑞与同事杨克俊在宿舍休息,听着收音机,突然,收音机的信号中断了几秒钟。苗永瑞平时兴趣广泛,经常浏览其

第二辑
用心·动脑

院士小传

苗永瑞（1930—1998），天体测量及时间频率专家。出生于山东济南，籍贯山东桓台。1951年齐鲁大学天算系毕业。1991年当选为中国科学院院士（学部委员）。1978年获全国科学大会奖。1979年获中国科学院科技成果奖二等奖。1987年获中国科学院科学技术进步奖特等奖。1988年获国家科学技术进步奖一等奖。

他学科的书籍，知道太阳风暴会扰乱地球大气的电离层，导致电波突然中断。想到这一点，他和杨克俊立即赶赴D电离层活动站，检查记录仪上的记录纸，发现天波的波动幅度大大增强，从而证实了他的猜想：D电离层的变化与太阳活动有关。为了验证两者之间的相关性，他做了数据的相关分析，相关系数达到99.9%，这说明两者有着很强的相关关系。

这个信息给了苗永瑞极大鼓舞。据查，英国人此前已发现X射线对电离层具有干扰作用，他的思路进一步展开，既然由太阳的X射线爆发可以检测D电离层的变化，那么，根据因果反演能否从D电离层中监测到太阳X射线的活动规律呢？于是，他们开始检测D电离层受太阳扰动的数据。

经过8年的监测，苗永瑞与杨克俊等连续测定了一个多太阳活动周期，记录了数万次D电离层突然扰动数据，终于找到了电离层波动曲线，并反演出太阳X射线爆发的流量图。这与美国通过卫星检测到的太阳X射线爆发的结果完全一样。

苗永瑞等人的发现意义重大。在此之前，人类了解太阳的X射线活动是通过发射火箭和卫星来实现的，有了他们的发现，人类就可以从地面了解太阳的X射线爆发了，这为日、地研究打开了一个新的窗口。1985年，苗永瑞与杨克俊发表了论文《在地面上检测太阳X射线的爆发情况》，引起国际学术界的高度重视。

中国科学院院士 曹春晓

"三思而行"与"行而三思"

著名材料科学家、中国科学院院士曹春晓，对《论语·公冶长》中的"三思而后行"这句话有独特感悟。他说："'三思而行'才能'择善而为'，'行而三思'才能'脱颖而出'。"

贵州的某飞机设计所曾委托曹春晓所在的北京航空材料研究院材料研究所研制TC11钛合金伞舱梁，以取代原来的钢制件而减轻飞机的结构重量。由于这不是国家下达的大项目，经费很少，TC11钛合金又是老材料，原有的工艺路线也早已成熟，因此从技术含量的角度考虑，很可能成为简单重复而毫无创新的工作，而这正是曹春晓长期的科研生涯中所忌讳的。因此，他一度十分犹豫。但多年培养起来的"三思"习惯仍使他陷入沉思，"三思"的结果不仅肯定了该项目对改进飞机性能的重要意义，而且使他冒出了一个灵感：如果在该项目中自己能在钛合金热处理技术和相变模式方面逐渐形成一个新思路，那么立项的意义岂不更

第二辑
用心·动脑

院士小传

曹春晓（1934—　），材料科学家。浙江上虞人。1956年毕业于上海交通大学机械系。曾任北京航空材料研究院研究员、博士生导师，全国博士后管委会材料科学与工程专家组组长，中国航空学会材料工程分会副主任等职。1997年当选为中国科学院院士。曾获国家科技进步奖一等奖和二等奖各1项，国家发明奖三等奖2项，其他省部级以上科技成果奖10项。

大吗？他的这一想法很快和飞机设计所的有关同志取得了共识，正式签订了合作协议，根据新思路设计的具有创新性的BRCT热处理技术，也被抉择为该项目的两大技术方案之一。经过两年左右的共同努力，只花了十几万元经费就研制成功了采用BRCT热处理技术的TC11钛合金伞舱梁，其后又成功地经受了长期试飞考验，1995年获得国家发明奖三等奖。

钛合金大型锻件金相组织很不均匀是长期未能解决的难题，即使对坯料进行反复镦粗和拔长，仍经常残留粗大晶粒的痕迹而影响力学性能和使用可靠性。曹春晓和同事们在国外资料中看到钛合金锻造过程中不允许"空烧"（加热后不锻造）的规定后，曾怀疑锻件的粗大晶粒可能与"空烧"有关，因此在一次铸锭开坯锻造时特意检验了两头的金相组织，却意外地发现经高温"空烧"的那一头的宏观晶粒尺寸反而比未经"空烧"的另一头均匀且小得多。有人认为这不可能，大概是把两头的金相试样搞颠倒了。当时曹春晓虽然不能排除试样混号的可能性，但事后他立即查阅有关文献，并与该试验结果相结合，进行了反复的思考和联想，终于做出了"金相试样并未混号，这一重要现象符合基本原理"的初步判断。为了进一步证实，他把那个宏观晶粒粗大和不均匀的金相试样重新放入高温炉内"空烧"一次，结果也变成了小而均匀的宏观晶粒。至此，他对这一重要现象已深信不疑，喜悦的心情进一步激发了他"三思"的积极性，最后终于恍然大悟：锻件或锻坯内部宏观晶粒的细化和均匀化，是"变形热"导致大变形区的金属从原来的较低温度迅速升温至高温的结果，这与上述铸锭开坯锻造时的"空烧"有相似之处，但两者之间也存在差异。在广泛联想和交叉思考的启迪下，他对钛合金的再结晶——相变联合机制有了新的认识，并在工艺路线上产生了新思路。新思路随后构成了高低温交替（高—低—高—低）热变形新技术，并在以后的科研和生产中获得广泛应用。鉴于这一创新性技术的先进性和重大的社会、经济效益，以它为主要内容的"TC11钛合金材料、盘模锻件的工艺研究"获国家科技进步奖一等奖。

获奖后，曹春晓感慨万千。他说："现在回想起来，如果当时'行而不思'，则完全可能轻信或片面理解有些国外资料关于'空烧'的观点，而轻率地放过这一重要现象，也不会联想过去钛锻件曾出现的'变形热'现象，那么，一个本来可从这些现象的启迪中引发新思路和创立新技术的机会，就会失之交臂，遗憾终生。"

中国科学院院士 杨福家

时刻做有心人

科研上硕果累累的中国科学院院士（学部委员）、著名核物理学家杨福家，有这样一段名言："科学研究需要厚实的理论基础，也需要经常发现新问题，提出新问题，思考新问题，并努力去解决，更需要经常思考怎样才能对国家做更大的贡献。一个在头脑里从来就没有新问题的人，永远不会有科学创造。从治学方法来讲，首先要注意发现问题，即要时刻做一个有心人，然后才能谈得上科学创见。"

1975年3月，时任复旦大学教授的杨福家，带领一批"工农兵"大学生去一家化工厂"开门办学"。在厂里，他发现该厂环境污染测试出来的结果，有不少是负值。这显然是不符合实际的，他百思不得其解。问题出在哪里呢？严谨的治学态度和强烈的问题意识、求解意识，促使他非要弄个水落石出不可。于是，他找到有关部门，查核了计算公式，发现原来该厂所用公式是盲目搬

像院士一样思考
——100位院士思维故事100例

院士小传

杨福家（1936—2022），核物理学家。出生于上海，籍贯浙江镇海。1958年毕业于复旦大学后留校工作，曾任该校教授、校长，兼中国科学院上海原子核研究所所长。1991年当选为中国科学院院士（学部委员），同年当选为发展中国家科学院院士。所著《原子物理学》获1987年国家级优秀教材奖。

用苏联的，在我国根本不适用。再查查美国、英国等先进国家的环保测试计算公式，也几乎令人绝望，它们的计算公式都是有条件限制的，一个公式只能适用于一种条件。显然，这是科学上的一个滞后现象，而控制污染、保护生态环境，又是人类面临的一个共同课题。为此，杨福家决心搞出一个普遍适用的计算公式。

经过好几个月坚持不懈的努力，杨福家分析了6个微分方程，终于推导出了"核级联衰变一般公式"。这一公式可适用于所有工厂的智慧环保测试，西方与苏联的所有公式均是它的特例。把它运用于重离子反应、寿命测量学方面，也获得了令人满意的结果，因此引起了国际学术界的重视，该公式迅速成为测试环境污染程度的一个基本计算公式。

终其一生，无论是自己站在一线直接从事科学研究，还是后来做了研究所所长、大学校长，杨福家一直注重和强调思考。他留下的名言是："我们都应该像罗丹所塑造的'沉思者'那样去勤于思考，为未来做准备。"

中国科学院院士 邓锡铭

"留心意外事物"

"留心意外事物，及时捕捉机遇"，是著名光学、激光专家，中国科学院院士邓锡铭的一条科研心得。他说："及时捕捉机遇，要求科学研究工作者具备有准备的头脑，足够的知识和信息量，良好的科学素养以及准确的判断力。倘若具备了上述条件，那么一些不为旁人注意的不起眼的意外事物，也会提供可触发的信息，进而激发灵感，产生新的发现或发明。"

1982年，为提高激光束波面测量的精度，邓锡铭用了一个列阵透镜取代哈特曼板的小孔阵列。一次，他无意之中把这个列阵透镜插入一个主聚焦光学系统中，发现焦斑上的光强分布与入射光束近场分布无关，他立即领悟到这是获得分布均匀的焦斑的一种新手段。在这一年举行的一次激光惯性约束聚变的学术会议上，当同行们提出如何才能满足靶面均匀照明的要求时，邓锡铭指出可以用列阵透镜加以解决，这使与会者都颇感意外，因为谁都没

院士小传

邓锡铭（1930—1997），光学、激光专家。广东东莞人。1952年毕业于北京大学物理系。曾任中国科学院长春光学精密机械研究所学术秘书、研究部副主任，上海光学精密机械研究所研究员、副所长、博士生导师，高功率激光物理联合实验室主任，国家"863计划"激光核聚变主题（416）专家组成员。1993年当选为中国科学院院士。1982年获中国科学院科技进步奖一等奖。1987年获中国科学院科技进步奖二等奖。1988年获陈嘉庚技术科学奖。1989年获中国科学院科技进步奖特等奖。1990年获国家科技进步奖一等奖。

有想过可以用如此简单易行的方法来处理。在随后的3年中，他通过计算机的模拟分析和工艺上的一系列改进，终于用列阵透镜实现了无旁瓣的大焦斑靶面均匀照明，在往后的状态方程实验中获得了较为理想的成果。以后，把这个方法推广到X射线激光实验中线聚焦均匀照明方面，同样取得了很好的效果。国外的同行们对这个方法给予了高度评价，由于邓锡铭是上海光学精密机械研究所的科研人员，因此国际上把这个方法称为"上海方法"。

也是在1982年，邓锡铭在研究激光频带宽度时发现，窄频带激光器由于其衍射效应，以及在等离子体中激发出的非线性受激散射等缺陷，无论对高功率激光系统本身，还是在激光与等离子体相互作用方面都是不利的。然而激光在问世之初，几乎所有研究激光、使用激光的专家都在追求窄频带激光，而很少想到在一些特定的领域，单色性过高反而会带来害处。再说，在激光单色度的表达式中，其余的参数都广为人知，唯独频带宽度很少有人关注。邓锡铭想，难道它真的不重要吗？他认为，应当转而开展宽频带激光器方面的研制。他的判断是：宽频带激光用于激光惯性约束研究将成为新的、有广阔前景的研究方向。于是，随后几年，邓锡铭领导的研究集体对宽频带激光的产生及其在介质中的传输、宽频带激光与等离子体相互作用做了理论分析与实验验证，对宽频带激光应用于某些技术领域的可能性做了讨论，此项研究成果荣获1987年中国科学院科技进步奖二等奖。而在国外，几个著名的实验室在邓锡铭他们开始研究的五六年之后，才起步涉及宽频带激光方面的探索。

正是善于留心意外事物，及时捕捉难得机遇，才使邓锡铭搞科研取得累累硕果。20世纪八九十年代，他主持研制成"神光"高功率激光装置，为我国核爆炸模拟研究、惯性约束聚变研究、X射线激光研究做出了一批重大成果。他的科研工作多次获奖，1988年获陈嘉庚技术科学奖，1989年获中国科学院科技进步奖特等奖，1990年获国家科技进步奖一等奖。

回顾走过的科研之路，邓锡铭给后人留下了这样的忠告："搞科学研究也不能想当然、随大溜，要独立思考；思路要灵活，要想到'意外之处'，这样才能开辟出前进的新方向。"

中国科学院院士 吴孟超

灵活转移经验

著名医学家、中国科学院院士（学部委员）吴孟超是中国肝胆外科事业的开拓者之一。他在工作中善于比较不同事物，从中发现类似之处，进而灵活转移经验，解决技术上的难题。他常对自己的学生们说："要注意积累经验，更要注意触类旁通，对于经验，至少要做到以一当十。"

吴孟超闯进肝脏禁区的初期，沿用的是当时世界上"经典"的切肝法——低温麻醉切肝法。这一方法的原理是：一般肝脏在常温下允许缺血的时间约为20分钟，超过这个时限肝脏就有坏死的危险；如果适当降低肝脏的温度，允许缺血的时间可适当延长。由于医生们切肝和处理肝创面的时间难以控制在短时间之内完成，为了赢得手术时间，不得不对病人进行降温处理，通常手术前将病人麻醉后浸在冰水里使体温降至32℃左右。手术中还要间断地向腹中放入冰水，以保证病人持续处于低温状态。很显然，

第二辑
用心·动脑

院士小传

吴孟超（1922—2021），肝胆外科专家。1949年毕业于同济大学医学院。曾任上海第二军医大学普外科主任、肝胆外科主任，第二军医大学副校长，中华医学会副会长，解放军总后勤部医科委副主任。1991年当选为中国科学院院士（学部委员）。先后获国家、军队和上海市科技进步奖24项，出版医学专著19部，发表论文220余篇。被评为2011年度感动中国人物。

这种切肝法很容易造成多种并发症。

"难道真的不能在常温下安全进行肝脏手术吗？"吴孟超心头一直打着这个问号。一天他做完手术后，打开自来水洗手时，突然，自来水开关装置使他产生了灵感。他想，肝动脉和门静脉是肝脏供血的"总闸门"，如果在"总闸"上安放一只类似自来水开关的装置，手术时把开关关上，阻断血流，过一段时间手术暂停，把开关打开，让血流在肝脏里充分运行3分钟至5分钟后，再把开关关上，继续手术，这样反复多次地进行，就可以在常温下双方兼顾：既能争取到足够的手术时间，又能防止肝脏因缺血时间过长而坏死。于是，吴孟超将这个来自自来水开关的"经验"首先"转移"到动物身上，亦即先做动物实验，取得了可靠数据后又"转移"到临床，结果大获成功，这一方法极大地提高了肝脏手术的成功率。

吴孟超将这个独创的方法称为常温下间歇肝门阻断切肝法，这一手术方法在中国肝脏外科界传开后，一直沿用至今，挽救了无数患者的生命。

像这样触类旁通、举一反三，巧妙地"转移"日常"经验"，从而取得医学创新的事例，在吴孟超身上还有一些。

任何有生命的物质如果被阻断营养来源,就会逐渐萎缩或死亡,这本是人们司空见惯的现象和无须多说的经验。吴孟超把这一常见经验"转移"到中、晚期肝癌治疗上,即分别在肝动脉上插管、栓塞或结扎,通过阻断血液的方法以减少癌细胞的营养来源,使癌细胞逐渐萎缩直至死亡,这一方法在临床应用中取得了明显的疗效。有些患者因肝癌过大不能手术,采用肝动脉阻断方法使病人的肝癌缩小后,再行二期切除,从而使中、晚期肝癌患者的生存期普遍得以延长。

尽管如此,中、晚期肝癌的治疗效果仍不够理想。吴孟超和同事们又把眼光转向肝癌的早期诊断上。用几种药物联合化疗治疗肿瘤的效果,明显优于用单种药物化疗治疗肿瘤的效果,这对与癌症打交道的医生来说是常识,也是个基本经验。吴孟超又将这一常识和基本经验"转移"到对肝癌的早期诊断上。他和同事们在国内首创了扁豆凝集素等先进的检测方法后,又加大对肝胆外科领域的生化研究和实验的力度,克服种种困难,先后研究出了异常凝血酶原、α抗胰蛋白酶、α-L-岩藻糖苷酶、癌基因、糖蛋白、凝集素等一系列肝癌标记物,这几种方法的联合应用,使肝癌的早期诊断率上升到98%以上。

吴孟超灵活转移经验的思维方式,其要义是注意观察生活,并善于积累发现和联想类比。也就是说,脑子要灵活,不能僵化。

第三辑

质疑·批判

敢于大胆怀疑，精于小心验证。

——王淦昌

引　题

　　院士们无不推崇挑战精神，他们一致认为：要想有所进取，有所作为，就必须大胆质疑，勇于批判。

　　质疑与批判，是科学精神的精髓。否则，就没有突破，没有超越，没有创新。

　　权威和经典，都是值得尊重、需要遵循的，但这绝不等于迷信权威，匍匐在经典面前不敢越雷池一步。须知没有十全十美的权威，也没有一成不变的经典。科技史上，权威被挑战、经典被打破的事例，不胜枚举。况且，随着人类和科技的发展进步，也需要有新的权威和新的经典出现。否则，世界岂不凝固了吗？

　　如果不具挑战精神，不敢大胆质疑，充其量只能做一个"者"——工作者，而不能做一个"家"——科学家。

中国科学院院士 王淦昌

敢于打问号

1955年被选聘为中国科学院院士（学部委员）的著名核物理学家王淦昌，是久负盛名的"两弹元勋"。他治学科研的最大特点是：**敢于大胆怀疑，精于小心验证**。他说："我从年轻的时候起就敢于对前人或他人的工作质疑，特别是那些与实验不符的结果，常在我的脑海中打个问号。科学研究的任务就在于不断发现客观世界的新现象，寻找新的规律，寻找运用这些规律去改造世界的新技术、新方法。"

王淦昌留学德国期间，曾有幸先后两次参加了德国物理学界召开的很有意义的物理学讨论会。会上主讲人报告了波特和他的学生贝克两人用 α 粒子轰击 Be 核，发现了很强的贯穿辐射的实验。他们将此强辐射解释为 γ 射线。这个报告给王淦昌留下了深刻印象。以他的直觉和敏感，他对波特等的实验怀有极大的兴趣，但通过思考，他感到 γ 射线不可能有那样强的贯穿能力。考虑到

像院士一样思考
——100位院士思维故事100例

院士小传

王淦昌(1907—1998),核物理学家。江苏常熟人。1929年毕业于清华大学。1934年获德国柏林大学博士学位。曾任第二机械工业部第九研究设计院副院长、副部长兼原子能研究所所长、名誉所长,中国物理学会副理事长、名誉理事长,中国核学会理事长,中国科协副主席,中国核工业总公司科技顾问、研究员。1955年被选聘为中国科学院院士(学部委员)。参与了中国原子弹、氢弹原理突破及核武器研制的试验研究和组织领导,是中国核武器研制的主要奠基人之一。曾荣获国家自然科学奖一等奖2项、国家科学技术进步奖特等奖等奖项,荣获"两弹一星"功勋奖章。

波特在实验中使用的探测器是计数器,而计数器只能记录辐射的数量却不能记录辐射的径迹,仅凭计数并不能断定此辐射为 γ 射线。基于这些想法,另一种可能揭示上述辐射本质的实验方案在他的脑海中形成了,这就是用云雾室重做波特的实验。王淦昌知道,18世纪,拉瓦锡得知普利斯特列的实验,但怀疑他囿于燃素说所得的结论,创造性地重复了他的实验,结果推翻了燃素说,建立起氧化理论。历史会不会重演?

然而,王淦昌的这一建议未能被导师迈特纳所接受,因而未能付诸实施。此后不久,王淦昌清楚地记得是1932年2月17日,查德威克就是使用了这样的方法重做波特的实验而发现了中子。半个多世纪后,王淦昌还对此念念不忘,他说:"这件事给我留下了难忘的遗憾。如果我当时能坚持己见,耐心说服迈特纳,不屈不挠地去争取实验条件,或尽力去寻求其他途径的支持,那样或许能将实验做成。"

能反映王淦昌敢于大胆质疑精神的,还有个精彩故事:揭开中微子之谜。

第三辑
质疑·批判

所谓中微子之谜是这样的：1914年，查德威克发现了放射性衰变中的 α 谱和 γ 谱是分立的，而 β 谱却是连续的。这一现象与原子核处于分立量子态的事实不符，产生了所谓"能量危机"——在 β 衰变中能量不守恒。这是物理学上的一大疑难。为了解开疑团，1930年泡利提出了一种假说：在原子核内还存在一种自旋为 1/2 的中性粒子（中微子），在 β 衰变中它与电子被同时释放出来，并带走了部分能量和动量，导致连续的 β 谱。这样，这种中性粒子、电子 β 加上反冲核的能量和在衰变过程中仍是守恒的，只不过三者的能量分配不同而已。泡利的这一解释只是他的一种假设，连他自己对此设想也并无信心。1933年，费米发表了 β 衰变理论，指出在 β 衰变中，核内一个中子衰变成一个电子、一个质子和一个中微子。他还定量地描述了 β 连续谱的规律。这一理论有力地支持了泡利的中微子假说。但是，理论终归是理论，中微子是否真正存在？这一重大问题吸引了全世界许多物理学家的关注，他们进行了大量实验来寻找中微子，但10年过去了，谜团仍然悬而未决。

王淦昌同样被中微子之谜所吸引。善于独立思考、敢于大胆质疑的他，此时已获柏林大学博士学位回国在浙江大学任教。当时正值抗战时期，他随浙江大学迁至贵州的山镇湄潭，在那里，他苦苦思索这一世界性难题。他看了大量好不容易辗转到手的资料，经过一段时间的思考，构思出一种独具创意的 K 俘获方案《关于探测中微子的一个建议》。这篇论文于1941年10月寄往美国的《物理评论》杂志，该刊旋即于1942年1月刊出。同年，美国科学家阿仑按照这一建议进行实验，首次得到了肯定的结论。但阿仑的实验因采用的样品较厚等原因，结果并不很好。1952年阿仑和戴维斯等，又进行 K 俘获实验，获得了单能反冲，实验结果与理论完全符合。至此，王淦昌提出的探测中微子的方案历时 10 年，终于得到了验证。

　　王淦昌的大胆质疑精神，还表现在实事求是、不畏政治压力上。50 年代初，苏联在帕米尔高原上建立了一个宇宙线实验站。为研究基本粒子，两名苏联科学院院士设计了一套电子学系统，其中配有计数器和磁铁，用以进行宇宙线的研究，每当有高能粒子进入该探测系统时，就产生相应的电子学信号。不久，两位院士就宣布发现了 10 多个"新粒子"，并命名为"变子"。王淦昌没有盲信，他在研究了他们的"发现"后，认为在这种实验中电信号的重复性不容易确定，仅凭一个电信号就断言发现了新粒子，未免太轻率了。这在当时全国各行各业"一边倒"学习苏联的社会背景下，王淦昌的"异议"是要冒政治风险的。但王淦昌没有瞻前顾后。最后的实验证明，他对苏联院士的"发现"的评价是正确的，因为后来经过一系列更为精确、周密的实验，并没有观察到什么"变子"。

中国科学院院士 徐克勤

白钨矿是怎样发现的

我国首次发现锡卡岩白钨矿是在1947年,发现白钨矿的人是后来成为著名地质学家、矿床学家的中国科学院院士(学部委员)徐克勤。

徐克勤1934年毕业于中央大学地质学系,从那时便开始研究钨矿,1939年到美国留学后继续研究钨矿。钨矿有两种类型:一种是钨铁锰矿,简称黑钨矿,其矿石有金属光泽,肉眼易辨认;一种是钙钨矿,简称白钨矿,其矿石无金属光泽,肉眼不易辨认。1947年以前,我国发现的及开采的全是黑钨矿,而美国的钨矿却以白钨矿为多。徐克勤与美国研究钨矿的专家交谈后,思想上产生了一系列疑问:为什么中国没有白钨矿?是否由于白钨矿表面没有金属光泽而被人们(包括自己)所忽视?这两种类型的钨矿床是否有某种成因关系?等等。他从美国回国后,经过反复研究,终于有了突破。

院士小传

徐克勤（1907—2002），地质学家、矿床学家。安徽巢县（今巢湖）人。1934年毕业于中央大学地质学系。1944年获美国明尼苏达大学博士学位。曾任南京大学地球科学系教授、博士生导师。1980年当选为中国科学院院士（学部委员）。曾获全国科学大会奖，国家自然科学奖二等奖、三等奖，教育部科学技术奖一等奖，何梁何利基金科学与技术进步奖。

1947年，徐克勤考察了湖南资兴瑶岗仙黑钨矿，到山上第二天，他即发现了一种半风化锡卡岩，其表面呈灰黑色，近似于铁帽，但仔细观察发现其中含有锡卡岩。徐克勤一阵惊喜，因为他知道锡卡岩中往往含有白钨矿，但是当时的任务是评价黑钨矿，对于锡卡岩的问题，只能在野外填图上标出其分布范围，采集一些锡卡岩标本，待回家后再用显微镜去研究。到家后不久，他即在锡卡岩中发现了白钨矿。

徐克勤能填补空白发现白钨矿，不是偶然的"天上掉馅饼"而来了"运气"，而是对他扎实的理论功底和丰富的感性经验的必然回报。在美国留学时，为了加深对钨矿床的了解，他想方设法积累感性经验，经常到大学供教师研究用的实验室里观察大量地质标本切片，并于1942年用4个月时间，自己驾车行驶约5万公里，考察了美国中西部10多个州几乎所有的钨矿矿床，从而练就了他识别白钨矿的孙悟空般的"火眼金睛"。

从科学思维上，徐克勤把自己发现白钨矿的过程归结为批判性思想的胜利。他说："我在科研活动中，总是不轻易地苟同他人已做出的结论，常取批判性继承的思想和态度。"

中国科学院院士 王世真

思考贵在大胆

世界上有核,就会有核医学;核是复杂的,核医学也就不简单。1980年当选为中国科学院院士(学部委员)的王世真,是著名核医学专家,被学界尊称为"中国核医学之父"。核医学,是典型的多专业交叉的综合性学科,它集中核物理、高能物理、电子学、计算机技术、化学、生物学、数学、基础医学、临床医学核工程技术的最新成果。因此,著名核医学家王世真认为,在这个领域里要取得成果,必须大胆思考,勇于创新。

王世真特别强调"大胆""敢想",是有其充分理由的。王世真在寻找新型抗甲状腺药物时,已知甲状腺素会作用于体内所有细胞,加速细胞内的各种代谢;但血中高浓度的甲状腺素又会作用于脑垂体,反过来抑制甲状腺素的生成,降低甲状腺素的血中浓度。他于是突发奇想,有没有可能研制一种化学结构上类似甲状腺素的化合物,让它不具有甲状腺素那样促进代谢的能力,但

像院士一样思考
——100位院士思维故事100例

院士小传

王世真（1916—2016），核医学家。出生于日本千叶，籍贯福建福州。1938年毕业于清华大学化学系。1948年和1949年在美国艾奥瓦大学分别获化学硕士、博士学位。曾任美国艾奥瓦大学放射性研究所副研究员，中国协和医科大学教授，中国医学科学院首都核医学中心主任，放射医学研究所副所长、名誉所长。1980年当选为中国科学院院士（学部委员）。获得美中核医学会授予的核医学"优异成就奖"金牌，中华医学会核医学分会终身成就奖。

却保持着甲状腺素那种作用于脑垂体而抑制甲状腺素生成的能力呢？这是一种颇为大胆的新想法。根据这种思路，王世真合成了许许多多甲状腺素类似物，终于找到了两类活性物质。其中一类，其促进细胞代谢的活性比甲状腺素本身大得多；而另一类没有促代谢作用，只有对抗甲状腺素的活性。由此，王世真实现了他最初的设想。就此，他发表了一系列论文，而且许多其他实验室也纷纷加入开拓探索"激素结构与功能的关系"这一热门领域。

王世真创办了中国第一个同位素应用训练班。在训练班的实验安排中，他大胆设想，能不能通过一种极其简单的实验，让学员们观察代谢转变和蛋白质的生物合成，从而引起学员的创新意识呢？于是，他设计了一个书本上找不到的内容，即给蓖麻蚕注射C-14标记的醋酸，然后从蚕丝的水解液中分离出多种放射性氨基酸。这种实验教会了学员们用示踪方法观察醋酸的代谢转变及蛋白质的生物合成，收到良好的教学效果。相比照搬国外的教材，这更能激发学员的创新意识。

像这样大胆思考、勇于创新的事例，在王世真数十年核医学科研实践中还有许多。他发表的近200篇学术论文中，几乎每一篇都贯穿着这一思想精髓。他总结道："做研究也好，教学也好，都要大胆思考，乃至出奇制胜，才能有所突破。"

中国科学院院士 周恒

创新从对传统的怀疑开始

"我一贯认为,创新有时是从对传统的怀疑开始的。在政治上引起过争论的实践是检验真理的唯一标准,对自然科学而言也完全是正确的。"

这是天津大学力学系著名教授、中国科学院院士周恒的学术观点。

周恒主要从事力学的教育与研究。他证明了 Orr–Sommerfeld 方程的展开定理,从根本上改进了流动稳定性的弱非线性理论,对剪切湍流的相干结构的研究提出了理论模型,将弱非线性理论与能量法结合研究了非平行剪切流的问题,解决了二自由度气体动压轴承陀螺马达的自激振荡问题。而这些成果,都是他从对传统理论的怀疑开始的。

20 世纪 60 年代初,周恒放弃航天器最优控制的研究,准备转而研究流动稳定性问题。然而刚刚起步,先后开始的"四清"

像院士一样思考
——100位院士思维故事100例

院士小传

周恒（1929— ），力学家。出生于上海，籍贯福建浦城。1950年毕业于北洋大学水利系，毕业后留校。曾任天津大学力学系教授、主任，研究生院副院长、院长，中国科学院LNM开放实验室和国家湍流重点实验室学术委员会副主任。1993年当选为中国科学院院士（学部委员）。发表论文40余篇。1986年获国家教委科技进步奖一等奖。1987年获国家自然科学二等奖。

运动、"文革"便使他的研究被迫中断了。1979年，他重新回到流动稳定性的研究上来。十几年过去了，国际上在这一问题上又有了较大的发展，而在我国则几乎是空白。周恒奋起直追，决定从解决流动稳定性弱非线性理论的不足入手。

弱非线性理论会有不足吗？这一开始就是一个"离经叛道"的大胆的怀疑。因为弱非线性理论的提出人是一位在国际上颇有声望的英国教授、皇家学会会员，这个理论已存在了多年，从来没有人提出过怀疑。周恒看到，正受关注的弱非线性理论，虽然在20世纪60年代初就已被提出，但直到70年代后期计算机及计算数学发展到一定程度后才能实际用它求解，但由于其固有的弱点，也只能用于很有限的一些情况。

周恒经过艰苦研究，终于在1989年发现了弱非线性理论不足的原因。恰好，他遇到了该理论的提出人——一位在国际上颇有声望的英国教授。英国教授开始很傲慢，也很不高兴，说他提出的理论已经存在了近30年，还从未有人像周恒那样提出过批评。但在经过细致的讨论后，英国教授终于承认周恒的观点有道理。但当后来周恒诚恳地向他建议一起来改进这一理论时，他却拒不搭理，后来甚至发展到无理阻挠周恒的结果发表在国外知名的刊物上。心胸狭窄的英国教授试图扼杀真理。

周恒没有被权威所压倒，他坚持自己的科学见解和深入研究，终于赢得了国内外学术界的充分肯定和高度评价。

1993年年初，周恒访日归国。邀请周恒访日的那位日本学者在送别会上诚恳地说，他从与周恒的合作中得到了一个启发，就是按照日本的经验，对权威是一定要服从的，所以他从来就没有对由权威人士提出的弱非线性理论产生过怀疑，而现在看来这一传统对科学的发展是不利的。对此，周恒的回答是："科学是客观规律，是否正确只能由实践考验而不能依靠某个人的名望而定。而且，真理最终是会冲破封锁的。即使看起来是公认的理论，也要接受实践的检验。"

中国工程院院士 袁隆平

与"偶然"交朋友

家喻户晓的"杂交水稻之父",1995年当选为中国工程院院士的袁隆平,在多年的农业科研中有一条重要体会,这就是运用马克思主义哲学观点,珍惜"偶然",把握"灵感"。他说:"哲学里有一对范畴是必然性与偶然性,必然性是事物的发展规律,然而必然性往往寓于偶然性之中,通过偶然性表现出来,偶然性是必然性的补充和表现形式。在实际工作中,偶然的东西带给我们的可能就是灵感和机遇,所以我们说偶然是科学的朋友。科学家的任务,就是透过偶然性的表现现象,找出隐藏在其背后的必然性。"

对此,袁隆平遇到过活生生的例子,有着切身体会。

20世纪60年代初,袁隆平开始研究水稻时,几乎没有任何经验可供借鉴。不错,美国人琼斯早在67年前就发现了水稻的杂种优势,但后来日本、印度、意大利、菲律宾等十几个国家先

第三辑
质疑·批判

院士小传

袁隆平（1930—2021），作物育种专家。出生于北京，籍贯江西德安。1953年毕业于西南农学院。曾任国家杂交水稻工程技术研究中心主任、研究员。1995年当选为中国工程院院士。发表论文60余篇，出版中、英文专著6部。2000年获得国家最高科学技术奖。2013年获得第四届中国消除贫困奖终身成就奖。2018年被授予"改革先锋"称号。2019年被授予"共和国勋章"。被誉为"杂交水稻之父"。

后开展研究，都因困难重重而搁浅了。1960年，一个偶然的机会，袁隆平在试验田中发现了一株穗大粒多、籽粒饱满的水稻，在大田中真有"鹤立鸡群"之势。他如获至宝，将种子收集起来，第二年种下进行试验，想不到却大失所望，性状竟发生了分离，高的高，矮的矮，生长期也长短不一，没有一株超过前代！但就在失望和疑惑之余，袁隆平却一下子产生了顿悟：根据遗传学常识，纯种水稻品种，它的第二代是不会分离的，只有杂种第二代才会出现分离现象。这一偶然发现，使袁隆平打破了一个经典思想："水稻是自花授粉作物，没有杂交优势。"于是，他大胆进行了"要利用水稻的杂种优势，首推利用水稻的雄性不孕性"的设想，并设计出整套培育杂交水稻的方案，即培育出不育系、保持系和恢复系，然后通过"三系"配套，完成不育系繁殖、杂交制种和大田生产应用这样一套杂交水稻生产程序。从此，他义无反顾地踏上了杂交水稻的研究之路，并由此看到了杂交水稻的光明前景。

1970年是袁隆平从事杂交水稻研究的第六年，他和助手先后用1000多个品种，做了3000多个杂交组合的试验，却没有获得一个不育株率和不育度都达 100% 的雄性不育系。为什么结果不令人满意？他经过认真分析，终于认识到几千个试验所用的杂交材料是亲缘关系太近的缘故。于是他对研究方案进行了调整，提出用"远缘的野生稻与栽培稻进行杂交"的新设想。就在采集野生稻资源的过程中，他的两位助手发现了一株花粉败育的野生稻——"野败"。这一偶然发现，为杂交水稻研究成功找到了突破口。而后仅用两年，第一个雄性不育系——二九南 1 号 A 培育成功了，1973 年实行了"三系"配套，继而第一个具有强优势的杂交组合"南优 2 号"便育成了。

在善于利用偶然性问题上，袁隆平还遇到过活生生的事例。20 世纪 70 年代初，杂交水稻研究进入重要的攻关阶段。当时出现了一个反常情况：所配的一些杂交组合优势很强，但结实率不太高，产量对照持平，稻谷没有增产，稻草倒生长茂盛，产量增加了近一倍。这时，一些对杂交水稻持怀疑和反对态度的人开始冷嘲热讽了，说："可惜人不吃草，要不然杂交水稻就大有发展前途了。"袁隆平听了，没有气恼，而是冷静回答说："水稻有无杂种优势，这是大前提。表面上看我们的试验失败了，但本质上我认为是成功的，因为试验证明了水稻具有强大的杂种优势。至于优势是表现在稻谷上还是稻草上，这是技术上的问题。只要有优势，就可以通过技术改进把优势转移到稻谷上来。"

就这样，袁隆平辩证地透过现象看本质，把"偶然"当朋友，杂交水稻研究终于获得了成功。

中国工程院院士 曾溢滔

凡事问个为什么

著名医学遗传学专家、中国工程院院士曾溢滔科研中的思维特色极为鲜明：凡事问个为什么。

曾溢滔从小就喜欢思考，喜欢打破砂锅问到底。比如，家里养了鸽子和猫，他就问：为什么猫生下来的是小猫，而鸽子生下来的是蛋？邻居园子里有一棵很大的桑树，每年春天邻居还会送几条蚕宝宝给他养，他发现蚕宝宝吃了几天桑叶会停下来，然后昂头一动不动地"睡眠"了。他观察到蚕宝宝一生中要"睡眠"4次，每次"醒"来就长大一些。他就盘算：如果想办法让它们多"睡"几次，岂不会长得更大？

从小养成的喜欢思考的习惯，一直伴随曾溢滔从复旦大学遗传学研究所研究生毕业后，进入上海市儿童医院上海医学遗传研究所当研究员。他取得奶牛胚胎性别鉴定和性别控制的科研成果，就是他这种"凡事问个为什么"的思维方式的胜利。

院士小传

曾溢滔（1939— ），医学遗传学专家。广东顺德人。1965年复旦大学遗传学研究所研究生毕业。曾任上海市儿童医院上海医学遗传研究所所长、研究员，上海交通大学医学院教授、博士生导师。1994年当选为中国工程院院士。先后获得5次国家级、20多次部委级和上海市科技进步奖，获得发明专利10多项。

曾溢滔将与性别有关的遗传病产前诊断获得成功的消息发布后，北京农学院的胡明信、吴学清教授夫妇来找他，希望合作研究奶牛胚胎性别鉴定和性别控制技术，因为谁都希望生下来的奶牛是母的。想到把他们的医学分子生物学技术嫁接到农牧业，能为我国的畜牧业发展和菜篮子工程服务，他很痛快地答应了。

曾溢滔想，人和牛都是哺乳动物，人能用Y-特异DNA探针早期鉴定胎儿性别，牛是否也可以呢？他带领研究所的同事花了两年多时间，进行了上千次实验，但均以失败告终。问题出在哪里呢？是实验方法不正确吗？这时，扩增基因的聚合酶链反应（PCR）技术诞生了，全所同人夜以继日地努力，试图用PCR技术扩增牛Y染色体的特异DNA片段来鉴定牛的性别。他们参照人的Y染色体DNA序列来设计PCR引物，先后扩增了牛的DNA标本三四千个，又花了两年时间，进行了近4000次实验，仍然没有收获。

实验陷入困境，是退还是进？1990年下半年，曾溢滔赴美访问讲学，有一次在飞机上，拿出最新版的英国《自然》杂志浏览，突然眼睛一亮，其中一篇介绍英国科学家发现SRY的文章像磁石一样吸引了他。他一下子从中受到启发，由于在美国的讲学任务没有完成,他只能接二连三地以电传方式遥控上海课题组的技术路线,并指示将这个最新成就应用于奶牛胚胎的性别鉴定。

  曾溢滔回到上海,立即信心百倍地投入运用新技术的实验中去。前后整整花了7年时间,进行了上万次实验,遇到问题一次次问为什么,技术路线不断创新,研究终于获得成功。这项具有20世纪90年代国际先进水平的科研成果,于1992年和1993年先后荣获上海市和国家科技进步奖。

中国工程院院士 何继善

被权威否定之后

被权威否定的滋味肯定不好受,但对应用地球物理学家、曾任中南大学教授的何继善来说,他坚信权威的结论并非一锤定音,不盲从权威,勇于坚持真理,才是科学家应有的品格。

长期以来,在我国地球物理勘探界,为消除地形对探测效果的干扰,推广了"坐标系转换地形改正"方法。该方法简单地利用二维的场源去解决三维场源问题。何继善发现,该方法存在很多缺陷,误差较大,于是创造性地提出"电阻率地形改正"方法。他克服巨大困难,从理论上证明了"电阻率地形改正"方法的正确性,给出了该方法系统的定量计算的结果。

何继善满怀希望地把自己的研究成果报告给学术界的一位权威人士,想请他指正并加以推广。没想到报告很快被退了回来,权威人士写道:"考虑问题方法片面,没有弄清原方法(坐标系转换法)的意思,就加以否定,这种否定是不科学的。"当头挨

第三辑
质疑·批判

院士小传

何继善（1934— ），应用地球物理学家。湖南浏阳人。1960年毕业于长春地质学院物探系。曾任中南工业大学教授、副校长、校长，湖南省科协主席，中国地球物理学会副理事长。1994年当选为中国工程院院士。致力于能源、资源及工程勘察地球物理理论、方法与观测系统的研究，创建了我国第一个以地电场和观测系统为特色的国家级重点学科。先后获国家、省、部级奖励20余项。出版专著、教材10部，发表论文100余篇。

了一棒的何继善，并没有盲目迷信权威的结论，但他还是虚怀若谷地对自己的方法重新进行了审查，把过去做过的所有计算仔细进行核对，反复做实验进行验证，结果证实自己所得到的结论是正确无误的，从而坚信自己提出的"电阻率地形改正"法有着更大的优越性。1975年，他的研究成果公开发表，得到学术界很多人士的肯定。在实际应用中，他的这种方法简单而且准确，有效地消除了地形对探测结果的干扰。为此，冶金部专门召开会议，向全国进行了推广。

1978年，"直流电阻率消除干扰异常研究"获得了全国科学大会奖。

何继善研制成功用于勘探的双频激电仪后，取得了4个省野外勘探成功的先例。然而，由于传统观念的作祟，仍然得不到一些人甚至一些权威的信任。一位在当时颇有影响力的负责人冷冷地说："同意给你们的仪器做鉴定就已经不错了，我们花了不少钱研制仪器，没有一种是能推广的，我也无法相信你们的仪器真正能用。"

在这种情况下，有人劝何继善说，反正成果鉴定过了，奖也得到了，不推广也不是我们的责任，不如另搞项目，还可以多得几项成果。何继善不这么认为，他清醒地认识到，<u>一个新生事物要得到承认和支持是不容易的，必须加倍努力，为新生事物的茁壮成长创造条件</u>。双频激电仪是我国首创的新型激电仪，它从原理到各项技术指标都优于当时西方国家的激电仪，一旦推广，定能为国家节省进口仪器所需的大量外汇，找到更多的矿藏，取得巨大的社会经济效益。在这种强烈的责任心的驱使下，何继善和同事们不动摇，不放弃，采取撰写文章、办学习班、深入勘探单位做宣传等多种方法，终于使双频激电仪得到越来越多的认可和欢迎，很快便在全国得到推广和应用。10多年来，用它相继找到金、银、锡、铜、铅、锌、钼、锰等矿种，在青海、山东、湖南等省和自治区山区大面积普查找矿中提高工效达50%，节省经费达50%。据新疆、黑龙江、云南、湖南、甘肃、河北、青海等省区的不完全统计，自双频激电仪推广应用以来，所增产值1.5亿元，创社会经济效益156亿元。

双频激电仪不但在全国得到推广应用，还走出国门，先后在俄罗斯、伊朗、澳大利亚、阿拉伯联合酋长国、马来西亚等国得到应用。1950年，因发明"变频法"找矿技术而被称为"变频法之父"的世界著名地球物理学家沃尔特教授对何继善说："教授先生，您的论文对我启发太大了，您的答问思路敏捷，论证严谨，无懈可击，令我佩服。我们落后了。中国在这方面已超过了我们。"

只有何继善心里清楚，他的这些科研成果，都是在遭受当头棒喝，勇于挑战权威后取得的。

中国科学院院士 郭可信

"吾爱吾师,吾尤爱真理"

"吾爱吾师,吾尤爱真理",是著名材料学家、中国科学院院士(学部委员)郭可信的人生信条。从年轻时到成名,他一直发扬这种追求真理、坚持真理的精神,从而取得了一系列科研成果。

还在1946年,郭可信从浙江大学化工系毕业后,通过公费留学考试,去瑞典皇家理工学院冶金系,师从世界著名冶金学家、美国金属学会荣誉会员A.赫特格林教授。不久,他成为教授的唯一一个由大学支付工资的研究助教,负责管理教授的奥氏体恒温转变课题组,研究合金元素对奥氏体转变的作用。

A.赫特格林教授是由于研究钢锭凝固过程中气泡的形成、逸出,以及由此造成钢锭中的偏析这个重要的生产问题而出名的。但是,A.赫特格林教授的研究手段非常简单,主要是用一个几十倍的放大镜进行宏观组织结构观察。到了晚年,他沉醉于过去的成就中不思进取,思想的保守令郭可信难以苟同。郭可信原本就

像院士一样思考
——100位院士思维故事100例

院士小传

郭可信（1923—2006），物理冶金、晶体学家。出生于北京，籍贯福建福州。1946年毕业于浙江大学化工系。1947年去瑞典留学。曾任中国科学院金属研究所研究员、副所长，中国科学院沈阳分院院长，辽宁省科协主席，中国科学院物理研究所研究员等职。1980年当选为中国科学院院士（学部委员），同年被瑞典皇家理工学院授予荣誉博士学位。1981年获中国科学院科技进步奖二等奖。1982年获国家自然科学奖三等奖。1984年获国家科技进步奖二等奖。1987年获国家自然科学奖一等奖。

不满足于这种金相观察方法，开始钻研X射线晶体结构的研究，随着研究的深入，他和这位靠金相观察和逻辑思维进行研究工作的导师分歧越来越大，矛盾也越来越深。1950年，郭可信终于对A.赫特格林教授勇敢地说出了"我不相信你那一套说法"。作为追求真理的代价，郭可信放弃了在读的学位、三年多的研究成果和固定工资，毅然决然地离开了A.赫特格林教授。

冲破了思想牢笼的郭可信，张开了科研的翅膀，在合金相及合金钢中的碳化物方面展开了广泛的研究，取得了一系列成果。谁能想到，30年后的1980年，瑞典皇家理工学院教授会议决定授予郭可信技术科学荣誉博士学位，当时国际冶金界获此殊荣的不过三人。这也许是对过去他们不公正对待郭可信所做的补偿吧！

1984年，郭可信和同事们在科研上获得重大突破，发现了准晶。但是却立即遭到国际知名的学术权威、诺贝尔化学奖和诺贝尔和平奖获得者鲍林的反对。鲍林一而再、再而三地坚持认为郭可信他们发现的五次对称结构不是准晶而是孪晶，在一篇通讯中甚至认为准晶是"胡说八道"，并利用院士的文章不需要审稿的特权，在美国科学院院刊上接连发表文章，坚持孪晶一说。

第三辑
质疑・批判

　　郭可信对鲍林是非常尊重的,他曾认真学习过鲍林写的有关合金相结构的论文,并称之为"不朽之作"。鲍林搞了一辈子晶体中局部的五次对称单元的研究,对此贡献很大,当时又年近九旬,德高望重。但是,作为基本的学术良心,郭可信没有迷信和屈服权威,而是大胆地坚持和崇尚真理。针对鲍林的反对意见,他发表了《是准晶,还是孪晶?》的论文,用大量准晶体的发现及其高分辨电子显微像的非周期性特征驳斥了鲍林的观点,并用在急冷锆镍合金中所获得五次孪晶的高分辨电子显微像,从另一角度证明五次对称结构是准晶不是孪晶。郭可信的研究成果,终于得到了世界同行的肯定。1993年,郭可信由于在准晶方面的研究而获得了第三世界科学院物理奖。

　　和自己所尊重的前辈、晚年思想趋于保守的鲍林教授的争论,使郭可信也得到了启示:自己也已年过七旬走向暮年,应以此为戒。他身体立行,直到2006年过世。他说:"西方哲人有言,太阳每天都是新的。知识也一样,你昨天掌握的知识,今天不学习就变成'明日黄花'了。要永远追求新知识!要生生不息地去追索!"

中国科学院院士 尹文英

对权威：尊重而不盲从

尊重而不盲从权威，是中国科学院院士（学部委员）、著名昆虫学家尹文英的治学态度。她说，搞科研工作，"坚持真理、不盲从权威的工作作风，是取得成就的基本保证"。

1965年，尹文英在上海郊区的佘山发现了一种棕红色的、形态特殊的原尾虫，它与已知的三个科的原尾虫都不一样。据此，她建立了一个新科——华蚖科，引起了国际同行的极大兴趣，并得到了极高评价。但华蚖科在系统分类中的地位如何，即华蚖科与其他已知科的亲缘关系是怎样的，不同学者的看法不一。为了华蚖科的分类地位问题，她与国际昆虫学会终身荣誉主席、丹麦昆虫学者屠格森产生了严重分歧。

屠格森教授在昆虫界的权威地位毋庸置疑，他所建立的经典分类系统，在很长的时期内，一直是各国原尾虫学者遵守的准则。尹文英一进入原尾虫研究领域，就对屠格森怀有深深的敬意，

第三辑
质疑·批判

院士小传

尹文英（1922—　），女，昆虫学家。河北平乡人。1947年毕业于南京中央大学生物系。曾任中国科学院上海昆虫研究所研究员、副所长。1991年当选为中国科学院院士（学部委员）。1998年获得何梁何利基金科学与技术进步奖。2014年获得中国昆虫学会第一届终身成就奖。先后获得国家自然科学奖二等奖1项、三等奖1项，国家科技进步奖二等奖1项，中国科学院优秀科研奖1项，中国科学院科技进步奖特等奖1项、一等奖1项、二等奖2项。主编专著8部，发表论文180余篇。

将他看作自己异国的导师。屠格森也一直关注着尹文英的进步和发展，曾多次邀请她出访丹麦。

但是，"吾爱吾师，吾更爱真理"。1979年8月，尹文英在参加波兰的一次国际学术会议后，应邀访问丹麦，在哥本哈根大学面见屠格森。两人就原尾虫的系统分类问题展开了激烈争论，几乎是天天见面，天天争论，谁都不肯轻易放弃自己的学术观点。当然，争论归争论，两人都彬彬有礼，不失学者风范。在谁都没有说服谁的情况下，两人都友好而大度地表示，继续做进一步的研究，待找到新的更有力的论据再做探讨。

尹文英对最终胜利充满自信，因为她的理论是在前人研究的基础上，经过十几年严谨的工作得出的。但尹文英同样懂得，要想真正说服屠格森，让他心服口服地接受自己的观点，必须找到更加充分的证据。那么，什么样的证据才称得上是更充分、更具说服力呢？她想，也许通过对生物生殖细胞的比较研究，有可能找出在系统分类学上最具说服力的证据。但这是一项艰难的工作，困难重重。自1980年开始，她与国际著名的意大利西耶那大学进化生物研究所超微结构和系统演化实验室的达莱教授合作，进行原尾虫精子学的研究。

尹文英与助手们一起，在电子显微镜下先后对8科、16属、20多种原尾虫的精子进行了超微结构的观察和比较。经过几年的辛勤劳动，比较精子学的研究取得丰硕成果，有力地支持了尹文英的分类理论。同时，达莱教授也得出了相同的结论，从而在根本上动摇了屠格森的分类主张。尽管屠格森未能看到尹文英和达莱的这些研究成果就与世长辞了，但他生前已经开始转变自己原有的主张，逐渐接受了尹文英的分类理论。

正是由于只追求真理，不盲从权威，才使尹文英这位中国科学院上海昆虫研究所的研究员、副所长在我国土壤动物学的研究方面取得了重大成果。她在原尾虫的系统分类中，先后报道了原尾虫164种，其中142个新种、18个新属，建立了4个新科；在华蚖等的胚后发育研究的基础上，1983年提出了系统发生新概念，据此将世界上已知的54属重新建立为2亚目、8科、17亚科的新分类系统；对原尾虫20多个种的精子和感觉器官进行了亚显微结构比较研究，发现原尾虫形态特征与昆虫有很大差别。因此，她在1995年将原尾目提升为纲，与昆虫纲并列。这些，在国内外昆虫学界引起热烈反响，并得到高度评价。

中国科学院院士 王之江

以批判眼光进行独立分析

"以批判的眼光进行独立的分析",是中国科学院院士(学部委员)、著名物理学家王之江从事科研的思维方式,也是他取得累累硕果的经验之谈。他说:"物理学的革命并不一定否定过去,也并不自认为达到了绝对真理,不需要向前进步了。这是实验科学的优越之处。对较小的学科分支,谈不上原理性的变革,但也会有或大或小的进步。关键在于人们能否对过去的理论和方法做出科学的独立的分析。"

20世纪50年代末60年代初,经典光学的基本定律严重限制了光学技术的应用,如亮度只能下降不能升高,波长只能变长不能缩短,光能量只会分散不会集中等,使光学工作者在科研和应用中遇到了种种不便。王之江和同事们对此深感困惑:为什么同样是电磁波的无线电波,其放大、变频、外差等技术是那样成功,而在光波段却是如此困难呢?他和同事们做了进一步深入的

像院士一样思考

——100位院士思维故事100例

院士小传

王之江（1930— ），物理学家。出生于浙江杭州，籍贯江苏常州。1952年毕业于大连大学工学院物理系。曾任中国科学院上海光学精密机械研究所研究员、所长，中国光学学会副理事长。1991年当选为中国科学院院士（学部委员）。1978年获全国科学大会奖。1978年获中国科学院重大科技成果奖。1985年获国家科技进步奖特等奖。1997年获何梁何利基金科学与技术进步奖。

思考，比较了无线电波和光波的发射源之间的不同性质，并且认真研究了处于两种波之间的微波波段，学习了产生磁波的磁控管的工作原理，从中得到有益的启示。他们认识到，所谓的磁控管，实际上是一种强迫自由电子在周期磁场中运动的器件，这预示着利用慢波结构可能发射出相干光波。他们尝试着使这一设想变为现实，但没有成功。

面对挫折，王之江和同事们没有放弃批判的眼光，也没有中断独立的分析。他们认为，尽管设想没有变为现实，但这个想法本身还是很有意义的。他们又进一步设想把50年代中期发明的微波量子放大器的工作方式延伸到光波段，制造出在光波段工作的量子放大器。他们看到1958年美国物理学家汤斯和肖洛在美国《物理评论》上发表的《红外和光激射器》的论文，便敏锐地意识到，光激射器（后来称为激光器）的诞生不但是可能的，而且将具有划时代的革命意义：经典光学若干定律的限制将被突破，相干性光波的产生和应用将有着广阔的前景。

于是，王之江和同事们迅速展开了激光器的研制工作。这是一项有挑战性的工作，走的是探索创新之路，目标是希望突破经典光学的束缚。结果，他们成功了！在美国制成世界上第一台激光器一年后,中国也诞生了第一台红宝石激光器,而且有着更优越的性能和更高的效率。时间是 1961 年,地点在长春光学精密仪器研究所。

在中国光学界,王之江院士素以思想敏锐著称。而在这敏锐背后做支撑的是两点:"批判的眼光"和"独立的分析"。

中国科学院院士 刘盛纲

在求解疑问中创新理论

著名电子物理学家、电子科技大学教授刘盛纲之所以长期投身高能电子学的基础研究工作,是因为有一个宏大的心愿:解决人类面临的能源枯竭难题,探索获取新能源的途径。

1974年,他从一本外文杂志上得知:20世纪70年代初,美国科学家已制造出第一代环圈结构慢波线行波管;实验表明,这种行波管与环杆结构行波管相比性能大为改善。这一电子技术的新突破令他兴奋不已。

但是,环圈结构是由环杆结构演变而来的,到底为什么环圈结构的管子性能得到改善?各种因素是怎样改变行波管性能的?学术界却未对环圈结构行波管做出理论分析。为了弥补这一缺陷,刘盛纲决心为此而求索。

当时,"文革"尚未结束,"四人帮"还在横行,许多人都无心上班,但刘盛纲却照常钻进实验室、图书馆,夜以继日地做实

第三辑
质疑·批判

院士小传

刘盛纲（1933— ），电子物理学家。安徽肥东人。1955年毕业于南京工学院。1958年成都电讯工程学院研究生毕业，获得副博士学位。曾任电子科学技术大学（原成都电讯工程学院）校长、教授。1980年当选为中国科学院院士（学部委员）。先后获得全国科学大会奖，国家自然科学奖三等奖、四等奖，国家技术发明奖三等奖及省部委一等奖8项。发表论文160余篇。

验，写论文。他的思维跳出了传统理论方法的框架，首先根据该结构的特点，将场分为两部分：一部分是不考虑圈时，环这种周期性结构中的场，就能够用无源波动方程，并考虑到其周期性，写出这种场的表达式；另一部分是圈上表面电流所激励的场，即"圈场"。至此，他首先在国际上提出了"圈场"的概念，并用变分法来处理圈场。通过这种简化和引入圈场的概念，他推出了这种结构的色散方程和耦合阻抗表达式。他的分析和计算，可以从理论上说明环圈结构行波管的优势所在。

经过两年多的艰苦努力，刘盛纲撰写了《环圈结构理论》一文，终于揭开了环圈结构的内在物理之谜。他对环圈结构的场论解及其对返波的抑制能力、场分布和环厚度的影响进行了分析讨论，给出了圈等效阻抗计算，为设计、研制大功率环圈结构行波管提供了科学依据和计算方法。他的这篇论文于1977年在《中国科学》中文版第4期和外文版第5期发表后，美、日、德、法、匈牙利等许多国家和地区的电子学专家纷纷来信向他索要资料，要求与他建立学术联系。此成果还于1978年荣获全国科学大会奖。

就这样，正如刘盛纲自己所说，"敢于跳出传统理论方法的框架，在分析求解疑问中创立新理论"，成为刘盛纲科研思维的突出特点。凭此，他取得了一系列科研成果：提出了一种新的复合式静电强流电子光学系统；提出并建立了静电电子回旋脉塞的概念与线性及非线性理论，并在此基础上提出和发展了静电自由电子激光的新概念及其理论；提出并建立了特殊准光学谐振系统，进行了理论分析与实验验证，发展了相对论空间电荷波理论和自由电子激光的空间电荷波理论；等等。

刘盛纲因其在电子物理研究方面的出色建树，担起了大学校长和中国科学院院士（学部委员）的重担。

中国科学院院士 施雅风

修正前人义不容辞

中国科学院冰川冻土研究所研究员、中国科学院院士（学部委员）施雅风是中国现代冰川学研究的开拓者之一。他受教于李四光，又勇于修正李四光，在科学界传为佳话。

中国东部中低山区是否流行过第四纪冰川，是地质学界长期争论的问题。在两种对立的意见中，一种意见是前辈地质学家、长期担任中国科学院副院长和地质部部长的李四光研究提出来的。一开始，施雅风对李四光的学说深信不疑，他们的学说在学术界占有统治地位。

施雅风对西部高山现代冰川和第四纪冰川研究取得了经验，并目睹了类似冰川堆积的泥石流、滑坡等现象的形成过程以后，和李四光学派的某些成员共同观察了一种现象，发现对第四纪冰川的判别标准有着重大分歧，对李四光学说从深信到产生了动摇和怀疑。1980年，他和多位中外同行到庐山对李四光所说的第四

院士小传

施雅风（1919—2011），地理学和冰川学家。江苏海门人。1942年毕业于浙江大学史地系，1944年获浙江大学研究院硕士学位。曾任中国科学院冰川冻土研究所研究员、名誉所长，南京地理与湖泊研究所研究员。1980年当选为中国科学院院士（学部委员）。2006年获国家科技进步奖二等奖。1997年获何梁何利基金科学与技术进步奖。1987年获国家自然科学奖一等奖。

纪冰川沉积的冰川侵蚀地形进行了较仔细的观察。他和多数同行认为，李四光的研究结论对事实存在系统的误解，主要是把泥石流堆积当成了冰川堆积。所谓"冰斗""冰川槽谷"的地貌达不到冰川侵蚀形态的特征指标。庐山的气候要达到夏季降雪，积成冰川冰，温度应比现代下降20℃以上，这在第四纪冰期也是不可能的。他随即写了《庐山真的有第四纪冰川吗？》一文，在《自然辩证法通讯》上发表后，引发了一场新的论战。

为了彻底弄清问题，施雅风和北京大学崔之久教授、兰州大学李吉均教授共同申请了一个国家自然科学基金项目，组织了许多单位的志同道合者，于1983—1986年间南起广西桂林，北至大兴安岭，西至川西螺髻山，对包括庐山在内的近20个地点进行考察研究。重点是对地貌和沉积物的冰川成因和非冰川成因的识别，冰期环境特点的重建，即冰期时有无发育冰川的气候条件，以及争议关键地区——庐山似冰川地形和沉积物真实成因的辨析，最后划分清楚有确切冰川遗迹的若干地点，并阐明其分布规律性。考察中他们感到，李四光及其学派成员没有机会接触泥石流，也没有机会到西部高山的现代冰川和确切的第四纪冰川考察研究，自然容易把泥石流沉积当作冰川沉积看待，难以确切识别冰川和非冰川现象。考察结束后，施雅风和 30 多位研究者合作撰著了 60 万字的《中国东部第四纪冰川与环境问题》专著，1989 年出版后得到地学界好评。1991 年，中国科学院授予这部专著自然科学奖二等奖。至此，地学界争论了几十年的问题，有平息之势。

对于第四纪冰川的科学研究，给了施雅风很深启迪。他说："无论多么伟大的学者，认识自然总是受到科学技术条件和客观过程的限制，也受到主观条件的限制，总是不完整的。应该要自省自己可能存在的不足之处，虚心才能进步。我们后来者的工作条件和对事物见识的广度，比前辈科学家好得多，义不容辞地修正前人的认识，以至推翻前人的错误结论，这是历史发展的必然规律。"

对于李四光，施雅风也深情地给出了中肯的评价。他说："李四光教授对我国科学技术有多方面杰出贡献，他首先提出第四纪冰川问题，鼓舞人们从事此项研究，促进第四纪冰川研究的发展，我们受教于他，现在来发展和修正他的认识，是职责所在，丝毫无违于对这位前辈杰出学者的尊敬。"

中国科学院院士 刘建康

不轻易苟同他人

"从事科研工作要善于独立思考，不轻易苟同他人所做的结论，即使是对权威、名人也不例外。"说这话的，是曾任湖北省科协主席、中国科学院院士（学部委员）的著名鱼类学和淡水生态学家刘建康。

在刘建康身上，发生过一些勇于挑战权威、不盲目轻信苟同，挣脱传统观点束缚而有所创见的生动故事。

关于鱼的呼吸，传统观点认为，所有的鱼都主要是用鳃呼吸，有的鱼虽有其他呼吸器，也只属辅助器官。刘建康没有被这一传统观点所束缚，他对鳝鱼的呼吸进行观察，发现鳝鱼虽在含氧充足的水中，仍喜欢直接摄取空气，每次呼吸后，总要歇止一段时间，然后再吸气，至于水中呼吸运动（口与鳃盖之联动）则并不多见。这一点与其他鱼类有很大区别。他又对鳝鱼的鳃进行考察，发现其极度退化，呼吸面积大为减少，要使其独立

第三辑
质疑·批判

院士小传

刘建康（1917—2017），鱼类学和淡水生态学家。江苏吴江人。1938年毕业于苏州东吴大学生物系。1947年获加拿大麦吉尔大学哲学博士学位后，相继在美国伍兹霍尔实验细胞研究室和北安普敦史密斯学院动物学系任研究员。1949年2月回国。曾任上海中央研究院动物研究所研究员，中国科学院水生生物研究所研究员，中国海洋湖沼学会副理事长、名誉理事长。1980年当选为中国科学院院士（学部委员）。1982年获中国科学院科技成果奖二等奖。1988年获中国科学院科技进步奖二等奖。1997年获何梁何利基金科学与技术进步奖。

完成呼吸生理是不可能的。由此，他对传统观点产生疑问，认为可能还有别的器官可在水中起呼吸作用。他进一步做了用炽热的针烧灼鳝鱼鳃条的实验，结果证明鳃的彻底破坏不影响鳝鱼的生存，它绝不是很重要的呼吸器。其他实验表明，鳝鱼皮肤虽存在呼吸作用，但呼吸量很有限，不足以单独维持其生存。根据实验结果，通过独立思考，他提出原来被认为是鳝鱼的辅助呼吸器的口喉部表皮，实际上是其最主要的呼吸器，呼吸功能不是靠水里溶解的氧，而是直接利用大气中的氧，从而使传统观点得到了修正。

在研究鳝鱼雌雄性别转变的过程中，刘建康独立思考、勇于创新的思维方式再次表现出来。传统观点认为，雌雄性别的转变在脊椎动物里绝大多数属于畸形状态，但刘建康通过对670条从小到大的鳝鱼进行切片研究，发现鳝鱼是正常地、规律性地由雌性变成雄性。他的这项研究为低等脊椎动物性别分化机理的研究开拓了新的思路。1944年和1951年，他围绕该研究发表了《鳝鱼的始原雌雄同体现象》及《鳝鱼雌雄逆转时生殖腺的组织学改变》两篇论文，引起外国学者的极大兴趣。英国《自然》杂志曾刊载学者文章，认为这项发现"为低等脊椎动物性别决定的机理提供了新的和引人入胜的证据，并为这个主题开拓了一个崭新的研究领域"。以后，日本、美国、苏联等国的研究论文和教材中都引用了他的论文。此后半个多世纪，鳝鱼的性别分化机理的研究仍是学科的热点。

德国的魏斯曼教授是生物学界的权威人物，他曾根据对筒螅等水螅类的研究提出了种质连续学说，认为种质细胞（带遗传信息的细胞）从外胚层迁移到最后的位置是早就确定了的，不受外部影响。这一学说长期以来得到公认，无人质疑。刘建康却没有盲目接受魏斯曼的学说，而是根据自己在美国麻省伍兹霍尔海洋生物学实验室对筒螅的检查和实验所得的结果，指出魏斯曼在筒螅研究中有观察上的错误，大胆地对其种质连续学说质疑。他与导师的联名论文《筒螅生殖芽体的形成与种质细胞的起源》和《种质，魏斯曼与水螅纲》，分别发表在美国的《形态学杂志》和《生物学季度评论》上。

刘建康晚年曾这样总结自己："我的思维特点主要有以下几点：根据科学发展和国家需要确定研究方向；独立思考，走自己的路，大胆创新；系统综合研究问题。"

中国科学院院士 王育竹

离诺奖一步之遥的思考

捧得诺贝尔奖是每个科学家一生的追求。值得一提的是,对于中国科学院院士、著名量子电子学、量子光学专家王育竹来说,他的激光冷却气体原子的研究,却离获诺贝尔物理学奖仅一步之遥。这既给他留下了自豪与慰藉,更给他留下了遗憾和思考。

20世纪50年代量子电子学诞生初期,王育竹便开始了电磁场与原子相互作用的研究。1978年,科研的春天来到了。王育竹和他的同事们在工厂与工人一起历经7年奋斗,完成了"远望一号"和"远望二号"测量船上的铷原子钟研制任务,这是我国第一台铷原子钟,王育竹由此奠定了他在我国原子钟研究领域开拓者的地位。下一步,搞什么研究课题呢?王育竹到图书馆查阅文献资料,查到了汉斯和肖洛1976年发表在《光通讯》上的一篇关于"激光冷却气体原子"的论文。一下子,他被"激光冷却气体原子"迷住了。他明白,原子钟的精确度受限于原子的热运动

像院士一样思考
——100位院士思维故事100例

院士小传

王育竹（1932— ），量子电子学、量子光学专家。河北正定人。1955年毕业于清华大学无线电工程系。1960年获苏联科学院副博士学位。曾任中国科学院上海光机所研究员、博士生导师、量子光学开放实验室学术委员会主任等职。1997年当选为中国科学院院士（学部委员）。1999年当选为瑞典皇家科学院外籍院士。先后获得全国科学大会奖、中国科学院和上海市科学大会重大成果奖、国家自然科学奖三等奖、国家科技进步奖特等奖等10余项。

速度，如果能降低原子的温度，即降低原子的热运动速度，就会大大提高原子钟的精确度。这不仅对于原子钟研究，而且对于原子物理以及基本定理的验证研究都有重大意义。而在国内，"激光冷却气体原子"这个领域是一片空白。

选准了课题，等于抓到了机遇。那段时间，王育竹把全部精力都投入新课题的探索中。他夜以继日地查阅资料，不断地提问，深入地思考，提出了两种与多普勒效应相关的激光冷却气体原子的新方法。他进一步联想到，铷原子钟有光频移效应，既然多普勒频移可用于激光冷却气体原子，那么光频移为什么不能用于冷却气体原子呢？因此，经过一段时间分析研究后，提出了将交流施达克效应（光频移效应）应用于激光冷却气体原子的设想。他先后提出数篇论文报告，在《科学通报》、《激光》和论证会上发表。结果，这些思想与几年后，亦即1997年度诺贝尔物理奖授予的在激光冷却气体原子研究方面做出突出贡献的肖洛等三位科学家使用的机制完全一致。消息传来，在中国科学界引起一片轰动，一位教授激动地说："王育竹距诺贝尔奖只差一步……"

这位教授言之不虚。王育竹在国内建立了第一个量子光学开放实验室,率先开展激光冷却气体原子研究。他领导的小组最先观察到低于多普勒冷却极限温度的现象。早在1979年8月,"激光冷却气体原子"物理思想的提出者肖洛教授来华讲学,访问了王育竹的实验室。王育竹向肖洛教授讲述了他的想法,肖洛教授说:"这个思想是新的、合理的,表达是直接的和清晰的,我建议你马上发表。"肖洛教授还鼓励王育竹,要把实验做出来。而肖洛教授获得诺贝尔奖,已是18年之后。

王育竹提出的有关激光冷却气体原子研究的新思想,比国外早了5~10年。但是,令他遗憾的是,他却没能从实验上做出来。他当然清楚,对实验物理研究而言,提出原创性的学术思想固然重要,但更重要的是从实验上展示它的可行性和它的重要应用前景。"为什么我们在那么多年里不能有所作为呢?这里有主观上和客观上众多问题,这是应该总结和思考的。"王育竹写道。

王育竹痛定思痛,总结出了四点教训:一是,"主观上缺乏那种强烈的攀顶峰精神,更不敢想要为获诺贝尔奖而奋斗,因为当时认为那是个人'名利思想',是'白专道路'。当遇到巨大的困难时,就没有勇气去顽强地拼搏奋斗"。二是,"客观上,我们不够重视基础性研究。我们的科研政策是'以任务带学科',虽然这一政策并没有不支持基础研究的含义,但在强调任务带学科的同时忽视了与任务无直接关联的基础性研究"。三是,经费不足,投入不够,原子束装置和激光器设备等装置迟迟建不起来,"我们要用十年时间建设备,然后才能开始研究工作,显然难以与国外科学家竞争"。四是,"完成一项有价值的科研工作需要一个好的学术环境。但在当时,我们的学术环境不好,信息闭塞,与外界交流不畅,能得到高水平专家教授指导的机会就更少"。

这四点教训,至今仍不失其警示意义。

中国科学院院士 胡海昌

"胡-鹫津原理"的背后

这是发生在著名弹性力学家胡海昌早年的一件事,当时,他刚从浙江大学毕业不久。

胡海昌自学弹塑性理论后,深感该理论内容丰富,精度较高,原则上可以解决工程中的许多有关力学问题。但微分方程复杂,很难精确求解,因而该理论在工程中应用得很少。面对这种情况,他萌生了一个想法,如何在该理论的基础上建立起既满足工程精度要求,又便于求解的近似理论或近似解法。

经过一番刻苦自学和反复研究,胡海昌进一步认识到,根据变分原理求近似解最易发挥研究和工程设计人员的数学、力学基础理论与工程经验的综合优势。当时已有的变分原理允许近似地满足平衡方程或变形协调关系。在弹塑性理论中,除了平衡和变形协调两类关系外,还有第三类描述材料力学性质的本构关系。不精确满足本构关系的近似解是否都不满足工程精度,因而都是

院士小传

胡海昌（1928—2011），弹性力学家。浙江杭州人。1950年毕业于浙江大学。曾任航天工业总公司空间技术研究院研究员、技术顾问。1980年当选为中国科学院院士（学部委员）。获中国科学院自然科学奖二等奖、三等奖。

不能实用的近似解？实际情况正好相反。在工程中广泛应用，深受欢迎的梁、板、壳等理论，用弹塑性理论来衡量，恰恰是近似地满足本构关系而严格地满足平衡和变形协调关系。胡海昌敏锐地看出，当时的变分原理存在一定的不足：它不能容纳和统一工程中用之有效的许多近似满足本构关系的近似理论和近似解法，因而也就不能帮助后人创建更多的同类近似理论和近似解法。于是，他下决心要创建一种新的变分理论，它允许平衡、变形协调和本构三大关系都近似满足。

经过几年的刻苦钻研，胡海昌在《物理学报》1954年第3期上发表了《论弹性体力学和受范性体力学中的一般变分原理》一文，建立了弹塑性理论中以位移、应变、应力三类变量为独立自变量函数的变分原理，达到了预想中的目标。他以出奇的效率超过了美国的竞争者，为国内土生土长的中国人赢得了荣誉。一年后，在美国留学的日本人鹫津一郎在其博士论文中建立了相同的变分原理。后来，国际同行为纪念他们两人所做的贡献，把该变分原理称为"胡-鹫津原理"。

胡海昌所做的变分原理的研究，受到国内外同行的高度评价。1982年获国家自然科学集体二等奖，1985年被《中国大百科全书·力学卷》列为中华人民共和国成立以来力学四大成就之一。

"胡-鹫津原理"的背后,是出色的自学能力。1980年胡海昌当选为中国科学院院士(学部委员)后,回顾自己早年的科研成果,总结出了这样的经验体会:"我之所以有如此的高效率、高速度,是因为较早地锻炼出了自学能力,并在大学中以及随后的工作岗位上自学了理科专业的一些课程。如果没有扎实的宽广的基础理论,虽选了一个好课题,也会因力不从心而解决不了问题。我在向人们介绍学习经验时,每次都强调培养自学能力,扩大理论基础,学以备用。"

第四辑

突破·创新

没有知识面的广度,就不会有科研工作的深度。

——刘振兴

引 题

　　院士们谆谆告诫人们，务必牢固树立这样的理念：创新是科学的灵魂，创新是科研的生命，创新是科学家的使命。

　　创新需要广阔的知识面，在打牢基础的前提下，广泛阅读，开阔知识面，而且终身学习，与时俱进。否则，你就产生不了灵感和联想，思路就活不起来。

　　创新需要超前意识，高瞻远瞩，着眼前沿技术。否则，或抱残守缺，或只顾眼前，很可能你的课题尚未完成，就过时了、落伍了。

　　不言而喻，实现创新的使命，必须把选人、用人、育人放在第一位。归根结底，创新的主体是人，创新需要人来完成。而我们需要着力培养的，应当是脑子灵、作风实、要求严、干劲足，有奉献意识、又有拼搏精神的创新型人才。一句话，我们培养的是"师"，而不是"匠"。

中国科学院院士 谈家桢

"厚积薄发"与"博大精深"

谈家桢是国内外知名的遗传学家,他从20世纪30年代起便从事亚洲异色瓢虫色斑的遗传变更和果蝇的细胞遗传图及种内间遗传结构的演变研究,为创设现代综合进化理论做出了重大贡献。谈起自己的科研体会,他总是强调两个关键词:"厚积薄发"和"博大精深"。

谈到"厚积薄发",他说:"实施创造性活动,必须是在占有大量事实材料的前提之下,否则就是'无源之水,无本之木'。只有有意识地把大量的观察材料和经验事实综合起来,加以概括、比较、整理、总结,从中挑选出具有特殊意义的内容,为自己的发明创新打下坚实的基础,提供丰富的依据,才能产生最佳的效果。"

亚洲瓢虫(又称异色瓢虫)的鞘翅及前胸板中呈现出各种色彩斑斓的变异斑点,正像自然界中的蝴蝶那样,是一种展开的多态性物种,是一种理想的研究进化和群体遗传学的实验材料。

院士小传

谈家桢（1909—2008），遗传学家。浙江宁波人。1932年毕业于北京燕京大学研究院，获理学硕士学位。1936年在美国加州理工学院获哲学博士学位。曾任复旦大学生物系教授、系主任、副校长、遗传研究所所长、生命科学院院长、校长顾问，中国生物工程学会和环境诱变剂学会理事长，中国民主同盟中央副主席等职。1980年当选为中国科学院院士（学部委员）。1985年当选为美国国家科学院外籍院士和第三世界科学院院士。1987年当选为意大利国家科学院外籍院士。发表论文百余篇。1995年获"求是"科学基金会杰出科学家奖。

1930年夏，谈家桢在苏州东吴大学毕业获得学士学位后，经导师推荐，成了当时北京燕京大学唯一从事遗传学教研的李汝祺教授的研究生，开始了亚洲瓢虫色斑遗传规律的研究。他在一年半内完成了一篇具有相当学术水平的硕士论文，让李教授大吃一惊。李教授说："我怎么也没有想到，他在一年半的时间内竟搜集到那么多资料，做了那么多关注，又看了那么多书。"谈家桢踏上与亚洲瓢虫这种小生物交往的道路后，始终重视广泛搜集事实材料的作用。自20世纪30年代至70年代的40多个春秋中，他集半生的经历连续地对该生物性状和规律特点进行深层次挖掘。其中从60年代起，他奔赴祖国南北，实地取证，在沈阳、北京等12个地区采集异色瓢虫，对瓢虫表现出的典型多态性现象进行分析，认为气候条件、地理隔离和特殊生态条件对其群体进化机制发生巨大作用。他细致地观察了果蝇的性状和生理差别，利用遗传图比较方法，说明了生物亲缘关系越远，遗传差异就越大，并有积累的影响；作为进化原材料的遗传差异，在染色体畸变上，种内和种间没有本质上的区别。这些论点修正了当时遗传学普遍赞同的戈尔德施米特的观点，即有种内微进化和种间巨进化差别的观点。总之，他通过对生物进化机制的探讨，为丰富和发展现代综合新达尔文主义学说提供了研究思路。这些，都是他厚积薄发的结果。

至于"博大精深"，他说："**知识面的扩大，可以使思维在更为宽广的范围内驰骋，从而使思维更为活跃，更能发挥创造性。'博大方能精深'，就是这个道理。**一个人如果囿于一个狭小的领域，缺乏广博的知识储备，就难以融会贯通各种科学方法的要领，即使埋头苦思冥想，也会因为缺乏打破常规的思路和突破心理定式的创造力而难有贡献。"

谈家桢在求学期间，除认真阅读了《物种起源》等有关进化论、优生学方面的书籍外，还涉猎社会科学如财政、新闻、宗教等。留美读研究生时，他以进化遗传学为研究的主要方向，同时又对生物学领域的其他内容加以钻研。后来，他立足于对遗传学新领域如遗传工程、辐射遗传深入研究的基础之上，把与遗传学密切相关的分子生物学和神经生物学等前沿科学，作为我国生物科学赶超国际先进水平的切入口，通过交汇融合形成了理论研究的四大分支——发育遗传学、进化遗传学、细胞遗传学和分子遗传学。他知识的广博令人惊异，不仅在遗传学方面有重大建树，还在不少报刊和重要场合发表关于科学、社会和产业发展的独到见解，内容极为广泛。其中对自然科学与社会科学之间的辩证关系、农业现代化、人口与粮食、能源开发、环境保护、生物工程产业前景等问题及对策，都做过启人心智的阐发。他真正领悟到了"博大方能精深"的要旨，得出了"知识结构越广博，产生联想的可能性就越大"的科学结论。

中国科学院院士 林励吾

"不踩别人的脚印"

"走自己的路,不踩别人的脚印。"——这是著名物理化学家、中国科学院院士林励吾的一句名言。

林励吾是中国科学院大连化学物理研究所研究员、学术委员会主任。1993年当选为中国科学院院士。从事科研半个多世纪以来,他坚持走自己的路,矢志创新,顽强攻关,取得了一系列开创性成果。

20世纪50年代中期,人造石油成为国内外关注的科研课题。1956年,从国外传来一个信息,匈牙利正在研究用煤焦油中压加氢的方法来制造人造液体燃料。受此启发,所里决定,由林励吾负责组织一群年轻人,开展用改进催化剂的办法,在70个大气压下,把煤焦油加氢裂化制取人造液体燃料的实验。然而,1958年,著名的人造液体燃料专家、苏联的拉波波尔特教授来我国访问,却对林励吾等人的设想不屑一顾。拉波波尔特教授是高压加

第四辑
突破·创新

院士小传

林励吾(1929—2014),物理化学家。广东汕头人。1952年毕业于浙江大学化工系。曾任中国科学院大连化学物理研究所研究员、学术委员会主任。1993年当选为中国科学院院士(学部委员)。发表论文400余篇。1964年获国家发明奖。1978年获全国科学大会奖。2005年获国家自然科学奖二等奖。2008年获第二届中国催化成就奖。

氢方面的权威,他的专著《人造液体燃料》,在当时被奉为经典。权威的轻率否定,没有动摇林励吾的决心,他坚持实践第一的理念,认真地在催化剂和反应工艺上进行反复探索,在同事们和石油厂的协助下,终于完成了这个课题,并取得了万吨级半工业试验的结果。

1972年,林励吾结束在农村的下放生活,返回研究所。他痛心地发现,催化这个在国民经济建设中具有重要作用的学科正处于低潮。当时,国外刚刚成功地开发了"多金属重整催化剂",利用这种催化剂可以从低品质的石脑油中生产高辛烷值汽油或芳烃。它被认为是炼油技术划时代的突破。尽管由于"文革"的破坏,我国科研力量大大削弱,林励吾还是坚信,外国人能做到的,中国人也一定能做到。于是他选择以国外刚刚出现的多金属重整为突破口,开展了铂-铱重整催化剂的研究,以取代国外进口。林励吾担任课题组负责人,以一部分从农村返回所里的科技人员组成了队伍,从废品堆里东凑西拼一些旧零件组装了设备,并与石油部合作,开始了顽强攻关。经过一番艰苦努力,他们终于成功地研制出了我国第一代铂-铱-铈/氧化铝多金属重整催化剂,于1976年在大连石油七厂放大成功,取得了工业化的成果,使我国的轻油重整炼油技术迅速赶上了国际先进水平。

20世纪70年代中期,南京一家化工厂从美国某公司引进了一套生产合成洗涤剂原料烷基苯的大型生产装置,其中的DEH-5型长链烷烃脱氢催化剂是关键技术之一。这种催化剂价值昂贵,使用寿命短,每过40天就要更换一批,用过的催化剂还得完整放回原包装箱里运回美国。这种催化剂的生产技术,出高价也不转让,引进了生产装置后就要不断地向他们购买催化剂。显然这是一桩不合算,也不平等的买卖。林励吾他们从轻工业部山西日化所了解到这个情况后,双方决定合作攻克这个"卡脖子"的技术难题。林励吾和课题组又一次迎接了新的挑战。他们经过多方探索,反复试验,终于制成了我国自己的长链烷烃脱氢催化剂,命名为NDC-1催化剂,并很快实现工业化生产。实践证明,国产的NDC-1催化剂优于美国的DEH-5催化剂,特别是其使用寿命是77天,大大超过美国催化剂的使用寿命。

林励吾"走自己的路,不踩别人的脚印"的科研名言再次结出了丰硕果实。就这个有志气的中国院士身后,留下了一长串属于他自己的"脚印"。

中国科学院院士 嵇汝运

在改造的基础上创新

著名有机化学、药物化学家,中国科学院院士(学部委员)嵇汝运,一生从事新药研究。他之所以屡屡取得造福人类的新成果,走的是一条独特的适合中国国情的"改造创新"之路。

何谓"改造创新"之路?嵇汝运这样总结道:"每当一种新药问世后,别人虽无权仿造,却可以以之为蓝本,了解其理化性质与作用机理后,进一步改变其结构而另创新药,往往疗效可以超过原药,因为已有'模子'可循,比从头做起更方便。这种方法具有投资少、花时短、成品功能好等优点。对于处在社会主义初级阶段的中国,科研应力求省时省钱,可通过这条途径创制新药。"

嵇汝运通过走"改造创新"之路,取得的科研成果很多。比如:20世纪70年代,越南战争急需抗疟新药。担任上海药物研究所研究员的嵇汝运和同事们对抗疟药青蒿素进行改造。青蒿

院士小传

嵇汝运(1918—2010),有机化学家、药物化学家。江苏松江人(现划归上海市)。1941年毕业于中央大学化学系。1950年获英国伯明翰大学博士学位。1950—1953年任该大学药理系博士后研究员。1978年后,曾任中国科学院上海药物研究所副所长、研究员,中国药学会副理事长及上海分会名誉理事长,亚洲药物化学联合会执行委员等职。1980年当选为中国科学院院士(学部委员)。发表论文200多篇,出版专著20多部。先后获得多项国家和中国科学院自然科学奖、国家技术发明奖。

素是我国从中药青蒿中分离出的抗疟有效成分,能治疗疟疾但复发率较高。嵇汝运他们从二氢青蒿素出发,合成了300个醚类和酯类衍生物,经药理筛选,发现了数十个化合物的抗疟性超过了青蒿素。其中的蒿甲醚后来制成新药,广泛用于临床。此项成果先后获上海科技成果二等奖和国家技术发明奖三等奖。

1977年,嵇汝运领导心血管药物合成组对从中药里提取的有效成分常咯啉,进行了一系列的结构改造,合成了多个系列的数十种类似物,初步探明了它们的构效关系。常咯啉有减少心脏异位搏动的作用,被发展成新型的抗心律失常的药物。

嵇汝运他们在神经系统药物的创制上也取得了成果。他们对中草药中提纯得到的东莨菪碱、加锡果宁等做了结构改造,成为对中枢神经有明显抑制作用的新药,并在药理研究上取得了较高学术水平的试验结果。

中国工程院院士 盛志勇

"早期切痂法"的诞生

"对已有的治疗措施要有批判地接受,并具有勇于创新的精神",这是著名创烧伤外科专家、中国工程院院士盛志勇的一条创新理念。

盛志勇独创的"早期切痂法",就是他形成这条理念的来源之一。

烧伤5天以后施行手术切除焦痂,是国内外通行和公认的治疗手法。理由是:病人被烧伤本来就是一次很严重的打击,早期切痂又是一次打击,如果病人连续遭受打击,身体就难以承受,因而要分期进行。盛志勇开始对此也深信不疑,但后来他从处理战时外伤的实践中感到,5天切痂并不科学。为什么呢?外伤是一种开放伤,开放伤的治疗原则是要立即把它变成闭合伤,才能使伤口顺利地愈合。因此,即便是广泛的炮弹伤也应一面抗休克,一面处理伤口,不然就会发生感染,诱发更严重的并发症。盛志

像院士一样思考
——100位院士思维故事100例

院士小传

盛志勇（1920— ），创烧伤外科专家。出生于上海，籍贯浙江德清。1942年毕业于上海医学院医疗系。1947年赴美国得克萨斯州立大学医学院进修。1948年12月回国后，曾任军事医学科学院实验外科系副主任、副研究员，解放军总医院创伤外科主任、烧伤科主任、教授，全军烧伤研究所所长、名誉所长等职。1996年当选为中国工程院院士。发表论文900余篇，主编和撰写学术专著27部。获国家科技进步奖一等奖2项、二等奖3项、三等奖4项，军队科技进步奖一等奖、二等奖23项。

勇想，这种连续打击为什么对治疗战伤可以奏效，治疗烧伤就不行呢？他经过分析认为，关键问题是伤后进行手术是否增加了病人的负担，进而产生不利的影响。为了保证早期切痂手术不至于使休克恶化，他应用Swan-Ganz漂浮导管，动态监测血流情况，按照监测的结果，积极地防治休克，达到了预期的目的。并且经临床和动物实验观察，在这期间施行手术并未加重应激反应。

盛志勇的探索没有到此为止。既然早期切痂是可行的，那么焦痂切除后，如何保证创面不再感染，体液不丢失呢？这涉及对创面"覆盖"的问题。小面积烧伤可以用自体皮，大面积烧伤就不行了，有的可以利用的自体皮很少，有的甚至完全无自体皮可用，这怎么办呢？盛志勇实践中常遇到有异体皮时没有伤员，伤员需要时又没有异体皮的情形。这样，一个大胆的想法在他头脑中形成了：把皮肤贮存起来，需要时拿出来用。于是，他又开始了皮肤贮存的研究。经过多年探索，他终于在国内建成了第一个低温异体皮库，除了供应他所在的医院烧伤科的伤员外，还先后向全国20多个省市、100多家医院提供异体皮，挽救了上千名大面积烧伤病人的生命。

第四辑
突破·创新

发明"早期切痂法"之后,盛志勇的医疗创新没有止步。他考虑,大面积烧伤病人肢体功能一般都会受到不同程度的削弱,甚至丧失。不过不能使功能得到恢复,即使挽救了生命,也会给病人及其家庭带来沉重负担。因此,应当为病人将来的生活考虑。于是,他进而瞄向了烧伤康复这一课题。多年来,他和烧伤康复科医护人员一起,根据烧伤的时间、部位、伤因、年龄、心理状态等的不同情况,指导科内同志总结出一套不同手法的体疗按摩规律,例如,结合温水浴疗法、器械疗法、注射疗法、牵引疗法等,使很多重度烧伤患者大大改善了生活质量。

中国科学院院士 朱显谟

"标新立异"是本色

"我天生憨直,不善于迎合传统的学术习惯,时时与权威顶牛……但是,搞科研,标新立异,思路增辉。在我一生的科研工作中,只要是认定了的事物,我总是能像中学时代解答数学难题时那样夜以继日,废寝忘食。"

说这话的,是中国科学院院士(学部委员)、供职于中国科学院西北水土保持研究所的著名土壤学家朱显谟。

令朱显谟终生难忘的,是他到江西、广东一带的那次土壤调查。由此,他登上了土壤学这门新兴学科的大舞台。

早在江西从事土壤调查之初,朱显谟对红壤是那里的地带性土壤深信不疑。那年由泰和向赣南调查,在花岗岩地区行进时,的确越向南走红壤越红,而且风化壳越来越厚,常深达 80 米上下。但自大庾东折,经过红色盆地时,由于基岩的差异,出现不同色调的幼年土,南出红色盆地而又入火成岩山区后,红色就不

第四辑
突破·创新

院士小传

朱显谟（1915—2017），土壤学家。上海人。1940年中央大学农业化学系毕业。曾任中国科学院西北水土保持研究所名誉所长、研究员、博士生导师。1991年当选为中国科学院院士（学部委员）。出版专著4部，发表论文150余篇。先后获国家级、省部级科技成果奖、科技进步奖5项。

那么鲜艳，而表层反见灰棕色，土厚也常不足50厘米。尤其在进入广东境内观察石灰岩上色料不同的"黑色石灰土"后，朱显谟对红壤是目前华南一带"生物地带性土壤"一说发生疑虑，对通常把红色岩层上的紫色土和各种红色土壤划分为不同土类的做法非常反感。当时由于对风化成壤两个过程同时同地进行的实质无所了解，从而对成土年龄重视不够，无法提出新的命名和分类办法，但朱显谟当时坚持认为，它们不过都是与成土母质特征相近或完全相同的幼年土罢了。

朱显谟通过和同行交流，结合自己在野外实际观察的丰富积累，大胆提出了我国华南红壤主要是古土壤、红色风化壳的残留和红色冲积沉积物，而不是现在地带性土壤的独到见解，同时指出江西庐山"冰砾泥"的红色也是固有的而不是沉积后才发生的，后又认为普盖皖南、赣、湘、两粤、云贵等地的红土可能都是以往相近时代的产物。他的这些设想引起了土壤学界争议，被斥为"离经叛道""标新立异"，他后来甚至被调出红壤地区工作。

压力面前，朱显谟没有退缩。他一直没有放弃在具体工作中获得的可贵启示，更没有拐弯转向，而是"峭立原地任水过"。经过几十年的研究，旁征博引，终于从土壤形成、土壤侵蚀和沉积的角度，应用南京土壤所他人研究成果中的一些化验数据，尤其在华南不同时期玄武岩上古土壤与红色风化壳的对比中得到证实，并获得土壤发生学上的理论依据，从而证实了他的论断是正确的。

朱显谟还向国际著名的苏联土壤学家威廉斯的理论发起挑战。威廉斯所提出的成土过程与进化过程同时同地进行的不朽理论，曾经是指导朱显谟进行土壤发生学研究的理论基础。但他没有盲目迷信，而是从实践中发现了该理论的局限性，即它仅适用于岩浆岩体（或块状石灰岩）上进行的与陆生生物进化相一致的原始成壤阶段。他的研究不仅修正和发展了威廉斯的学说，而且从研究风化过程和成壤过程的实质入手，进一步明确了这两个过程在土壤形成过程中的内在联系和各自的范畴，形成了新的理论。

朱显谟说："我天生憨直，不善于迎合传统的学术习惯，时时与权威顶牛。"殊不知，这种标新立异，不迷信权威，正是他独特的思维特色，也是他创新的力量源泉。

中国两院院士 王选

知彼知己 实现跨越

谁都知道,"知彼知己,百战不殆",是军事学上的一条定律。但在身为中国科学院、中国工程院两院院士的著名计算机专家王选看来,"知彼知己,百战不殆"也是科研创新的一条定律。

知彼,王选非常注重了解国外科研动态。早在20世纪60年代初,他在研究计算机体系结构和编译系统过程中,约看了100篇国外文献。从那以后,他养成了每做一个项目先要了解国外现状的习惯。为了加快英文阅读速度,他1963年年初又锻炼英语听力,此后连续两年多每天半小时的收听习惯使他的头脑反应速度明显加快。1975年他开始研制精密照排系统这个项目时,一般的科技人员不大习惯查阅外国科技文献,而他则是大量查阅外国文献,了解国外在这方面的最新研究动向和发展方向,这就使他很容易判断国内比他早开始做这个项目的几家科研所采用的技术路线是否正确,为他放弃模拟方式选择数字化技术提供了可靠依

像院士一样思考
——100位院士思维故事100例

院士小传

王选（1937—2006），计算机专家。出生于上海，籍贯江苏无锡。1958年毕业于北京大学数学力学系。曾任北京大学教授、计算机研究所所长、文字信息处理技术国家重点实验室主任，电子出版新技术国家工程研究中心主任，中国科协副主席，九三学社中央副主席，方正控股有限公司董事局主席等职。1991年当选为中科院院士（学部委员）。1994年当选为中国工程院院士。第三世界科学院院士。获2001年度国家最高科学技术奖。2009年被评为100位新中国成立以来感动中国人物。2018年被授予"改革先锋"称号。2019年被评为"最美奋斗者"。

据和切实保证。

那时，王选打听到国家有一个"748工程"，即汉字信息处理系统工程，分三个子项目：汉字通信、汉字情报检索和汉字精密照排。对这三个子项目，王选对汉字精密照排情有独钟，因为它的价值和难度最大。正在家中病休的他，每月只领40多元的劳保工资，但可以做自己想做的任何事情。于是，他义无反顾地投入精密照排系统的研制中。

王选按照"知彼知己"的原则，查阅了照排系统方面的有关文献，掌握了大量国外情报。他得知，日本当时流行的是光学机械式二代照排机，机械方式选字，体积大，功能差；欧美流行的是阴极射线管式三代照排机，所用的阴极射线管是超高分辨率的，比黑白电视机分辨率高20倍，对底片灵敏度要求很高，国产底片也不易过关；英国正在研制激光照排四代机，但尚未形成商品。1975年时，国内已有5家科研所先于他所在的北京大学在从事汉字照排系统的研制，其中2家选择了二代机的方案，另外3家分别选择了飞点扫描、字模管和全息模拟存储的技术途径。

第四辑
突破·创新

对国内外状况的调查，使他得出结论：数字式存储将占统治地位；光学机械式二代照排机，尤其是汉字二代机难度最大，且没有前途；字模管式三代机和飞点扫描式三代机正在走下坡路，很快将被数字存储的CRT三代机所淘汰。

1976年夏天，王选做出了大胆决定：选择技术上的跨越，跳过第二、三代照排机，直接研制当时尚无商品的第四代激光照排系统。此后18年，王选和他的团队顽强拼搏，刻苦攻关，终于获得了巨大成功。他的这一成果，使得中国没有经过二代机、三代机，没有经历照排机输出毛条、人工剪贴成页的阶段，直接从铅排跳到了最先进的第四代激光照排，完成了印刷业的一场革命，创造了无法估量的巨大经济效益。这是名副其实的"跨越式发展"。

王选说他很欣赏索尼公司名誉董事长井深大的一句话："独创，决不模仿他人，是我的人生哲学。"而在王选看来，知彼知己，既知道"需要"，也知道"已有技术的不足"，是创新的前提和源泉。

中国科学院院士 李衍达

不在原地打转转

清华大学教授李衍达是信号处理与智能控制专家,这位中国科学院院士(学部委员)治学科研的一大特点是不在原地打转转,适时选择新方向。他说:"一个人所能取得成就的大小,除了个人的勤奋和机遇外,还与他的见识有关。所谓登高望远是很重要的,如果要成为开辟新路的开拓者,必须站在高处,看到学科的发展趋势,提出符合学科发展方向的课题,要从事物的内在联系看到事物的内在本质。要善于用发展的观点看待问题,任何一个学科或领域都有一个发生、发展和衰退的过程。当一种事物发展到接近尽头时,就不要在老地方打转转,要及时注意寻找新的突破口或转移研究目标;当出现了一种新生事物,从而给过去不能做到的事情提供了新的机遇或可能性时,要及时抓住机遇,看到前景。这些,在科学技术快速发展的今天,尤为重要。"

李衍达1955年考入清华大学,学的是自动控制。毕业后搞

第四辑
突破·创新

院士小传

李衍达（1936—　），信号处理与智能控制专家。出生于广东东莞，籍贯广东南海。1959年毕业于清华大学自动控制系。曾任清华大学教授、博士生导师。1991年当选为中国科学院院士（学部委员）。先后获国家教委科技进步奖一等奖、国家自然科学奖四等奖、北京市科技进步奖、清华大学突出贡献奖。发表论文100余篇。

了10多年电子学与数字控制，1959年曾参加我国第一台机床程序控制计算机的研制工作。1978年，他考取了第一批赴美访问学者，到美国麻省理工学院进修两年，研究方向从电子学转到了信号处理领域。虽然在这一新领域他的底子很差，但他勤奋自学，加上有抓要点的能力，结果只用一年时间即跨入该领域的前沿，又用一年左右的时间就在该领域做出了创造性成就，在国际一流刊物上发表了论文。

回国后，李衍达致力于运用信号处理新方法为国家寻找石油与天然气，即油气勘探的数据处理工作。由于他的出色工作，得力地协助地质工程师更好地判断油层，大大提高了打井的命中率。

用计算机处理勘探数据，在20世纪六七十年代有很大发展，取得了巨大成功。但是，到80年代，这种方法变得越来越复杂，而取得的成效却越来越小。李衍达按照他"不在原地打转转"的思路，开始对工作的路线重新进行思考。他的思考是宏观的、指导性的，不是只局限于目前的具体课题，而是对整个勘探方法的反思。他想，用地震勘探的方法确定的井位，往往打不出油，其根本原因是什么呢？他的结论是，不是计算机处理得不够精细，而是用地震勘探得到的数据并不足以确定地下油层的位置，从信息论的观点看，就是信息量不足够的问题。而对于这个问题，无论怎样研究计算机的处理方法都是不能解决的。唯一的出路是增加信息量，也就是从其他方面来补充新的有关地下油层的知识。李衍达考虑，将测井的数据和地震工程师的经验所提供的信息纳入地震勘探数据中来，不正好解决了信息量不足的问题吗？当他意识到这一点，开始考虑将地质学、测井学和地震勘探技术三者加以结合时，一些专家却连连摇头，说做不到，很困难。李衍达承认，在大型计算机的环境和限制下实现三者结合是不容易的。20世纪80年代中期，有位教授出国访问回来，兴奋地告诉他，国外出现了一种新型计算机——工作站。它的性能相当于中、大型计算机，但体积小，易于人工操作和人机交互。他立即意识到，难得的机会来了，有可能在工作站上实现这三者的结合。此时，他已经痛切地感到，传统的地震勘探数据处理技术快要走到尽头了，不大胆做出决断，走出一条新路，就彻底被动了。

经过几年的艰苦努力，李衍达和同事们终于开拓出一条实现地质学、测井学和地震勘探数据三者结合的新路。很快，用这种新方法在胜利油田上打出了3口新的高产井。到90年代后，在工作站上将地震勘探、地质工程师解释与测井数据同时处理，人机交互或相互结合，已成为通常的工作方式，成为油气勘探的重要手段。与此同时，国际上也是按这一路子在发展。李衍达走出的新路显示出强大的生命力。

中国工程院院士 戚颖敏

"继承不是重复"

一辈子从事矿井通风与防灭火研究的中国工程院院士戚颖敏有一个重要的科研理念，这就是："继承不是重复，是借鉴，目的在于创新。"

戚颖敏1953年赴波兰华沙大学就学，1959年获波兰克拉科夫矿冶学院硕士学位。回国后，他从事的科研主题是矿井通风防灭火。当时，我国煤矿安全尚未建立起自己的模式，很多项目都是从苏联移植、引进来的。比如，煤炭自然倾向性鉴定技术，是由苏联矿冶研究所引进来的，尽管多年的实践证明，这种继承仿照、简单重复的成果，并不符合我国煤层的实际情况，但因循守旧束缚了人们的思想，没有人想到要加以改变。

戚颖敏认为，应当从我国煤矿实际出发，建立自己的一套技术方法。他曾建议用波兰提出的"双氧水法"，即一种用过氧化氢与煤反应，测量升温程度和速率两个参数综合差别的方法，但

像院士一样思考
——100位院士思维故事100例

院士小传

戚颖敏（1929—1999），矿井通风与防灭火专家。山东威海人。1953年赴波兰华沙大学就学，1959年获波兰克拉科夫矿冶学院硕士学位。曾任煤炭科学研究总院抚顺分院总工程师。1995年当选为中国工程院院士。出版专著6部，发表论文30余篇。先后获煤炭部、能源部和国家科技进步奖以及国家技术开发优秀成果奖。

因操作工序依然是简单的继承移植，评定指标也有悖于我国煤层实际情况而未被采纳。

1965年，戚颖敏走上技术领导岗位，觉得这种局面不应继续下去，应当有所突破，有所作为，但不能再走当年他曾建议的采用氧化剂的老路。于是，探索新途径的愿望不断地萦绕在他的脑海里。考虑到煤自燃火灾导因于煤吸氧放热作用，他萌发出煤自燃吸氧的思路，得到了很多同志的支持。然而，这项研究刚刚起步，"文革"开始了，十年动乱，仪器被砸，资料丢失，人员离散，这一有点新意的探索令人遗憾地毁于一旦。

20世纪80年代，科学的春天来临，戚颖敏又有条件继续他的科研了。不过，随着科学技术知识的积累增进，思维范围的扩大，思维方式的成熟，考虑问题深度的增加，经过查文献、看资料，反复思索，他对"文革"前中断了的"静态吸氧法"有了新的认识。那次只考虑了煤能吸氧这一通性，却忽略了它的特性：煤在矿井下吸氧生热，是在适度的空气流（科学研究得出，通常是每立方米的煤每小时通过1.9立方米的空气，煤最易生热自燃）流经时发生的。物理状态为流态而非静态。故此，应当采取能保持煤在流态下吸氧的特性的途径去解决问题，而不应仍然拘泥于静态的旧思维。这一新概念被称为"流态吸氧"。

新思路有了,新思路的实现却仍不是件容易的事。要在流态氧的状态下研究煤的吸氧特性,可行性如何?通过什么途径和手段能够解决这一问题?有人赞同,有人怀疑,也有人观望。戚颖敏排除种种人为干扰和阻挠,冒着风险干下去。经过反复试验,终于发明了一种新的工艺方法——"煤自燃倾向性色谱吸氧鉴定法"。随后,戚颖敏又建立起合作机制,与有关单位合作研制出以现代气相色谱技术和计算机技术相结合处理数据的自燃性测定仪,供煤自燃倾向性鉴定者应用。在此项技术的启迪下,他们借助合作的优势,又研制出 GC-4008 型煤矿专用气相色谱仪和 GC-85 型多参数火灾气体色谱检测系统,终于使煤矿拥有了配套而经济实用的预测预报矿内火灾的国产装置。

中国科学院院士 赵玉芬

"向前多走一步"

"向前多走一步,细心捕捉异常现象",这是著名有机化学家、中国科学院院士(学部委员)赵玉芬独创的科研方法。

赵玉芬在用三尖杉酯碱母核制作抗癌药物这一课题研究中,首次采用磷酰基代替磺酰基作为氨基保护基,在路易斯酸的催化下,成功地完成了分子内的傅氏反应,解决了世界上磺酰基作为保护基时严重的脱羰副反应。完成了这一课题,赵玉芬没有止步,她联想到如何将这个方法推广到氨基酸的磷酰化。在这一新课题的实验研究中,她捕捉到一个现象:本来很稳定的、单个的、化学性质不活泼的氨基酸与磷连接起来时,就变成了有生命力的化合物,性质相当活泼,可以发生多种仿生反应。于是,她便重新开始审视磷的作用。

赵玉芬当然明白,磷是生物体的组成元素之一,人体内磷的含量大约是元素总量的百分之一,人脑中磷的总重量约占千分之

第四辑
突破·创新

院士小传

赵玉芬（1948—　），女，有机化学家。出生于湖北武汉，籍贯河南淇县。1971年毕业于台湾清华大学化学系。1975年获美国纽约州立大学石溪分校博士学位。1979年回国，曾任中国科学院化学所研究员、清华大学化学系教授、厦门大学教授、宁波大学新药技术研究院院长等职。1991年当选为中国科学院院士（学部委员）。先后获得86项国家发明专利。获中国科学院科技进步奖二等奖、三等奖，国家教委科技进步奖二等奖。

二，绝大多数酶的催化反应是以它们的磷酰化和去磷酰化来调控的，ATP作为能量的供给者参与了生命化学过程的几乎每一个反应，新陈代谢过程常以磷衍生物为中间体来进行。她想：氨基酸一接上磷就被激活，那么磷在生命化学过程中到底扮演什么角色呢？为了解决这一问题，她决定做这样一个实验：把磷与20种不同的天然氨基酸连接起来合成各种N-磷酰氨基酸。这是一个艰苦的实验，她与助手及博士后、博士生攻克一道道难关，最后终于完成了。这个实验价值很大，由此，她得出了一个极为重要的结论："磷是生命化学过程的调控中心。"

沿着这个结论，赵玉芬没有浅尝辄止，而是继续前行，相继取得了"调控生命化学的机制是六配位的磷""生命化学的基本元素——磷酰化氨基酸是核酸和蛋白的共同起源"等科研成果，给生命磷化学和生命起源化学的研究注入了新的活力。

后来，赵玉芬自己欣慰地回顾总结说："可以想象，如果我在用三尖杉酯碱母核制作抗癌药物的实验中不联想、不推广到氨基酸的领域，或者搁置自己所见到的现象，不去追究这一微小现象之后的本质，就不会有在生命有机磷化学界和生命起源学界的一些发现。"

中国工程院院士 汤中立

甘冒风险

科研上的重大突破,往往是甘冒风险的结果。如果追求四平八稳,不敢承担责任,就会与胜利果实失之交臂。甘肃的金川之所以成为中国的镍都,并闻名于世,正是科学家甘冒风险精神的结晶。

故事发生在地质矿产部甘肃省地质矿产局高级工程师、中国工程院院士汤中立身上。

1965年,金川镍矿勘查工作进入关键期。当时的局面甚为微妙:第一、第三两个矿区勘探结束,第四矿区普查孔证明是贫矿。在岩体出露面积最大的第二矿区,地表没有矿化显示,按200米行距施工过19个钻孔,结果仅在岩体东部发现了一些规模不大的隐伏贫矿体;在岩体的西部,每个剖面上的两个钻孔都没有见矿,却都在200多米深度穿过超基性岩时,出现了围岩。这下,汤中立感到困惑:岩体是不是呈一个锅底尖灭了?如果岩体

第四辑
突破·创新

院士小传

汤中立（1934— ），地质矿产勘查专家。安徽安庆人。1956年毕业于北京地质学院。曾任地质矿产部甘肃省地质矿产局高级工程师，长安大学教授、博士生导师，兰州大学地质科学与矿产资源学院名誉院长等职。1995年当选为中国工程院院士。出版专著10部，发表论文60余篇。获陕西省科学技术进步奖一等奖、国家科学技术进步奖二等奖、甘肃省科学技术进步奖一等奖。

像锅底那样尖灭，那么，金川矿区也就没有再大的发展了。

面对困惑，汤中立和同事们经过反复比较研究，认为这样尖灭不大自然。因为第一矿区岩体和矿体形态向深部是有较大延伸的，并且在第一矿区见到过含矿岩枝贯入底盘围岩中的现象。据此，他和同事们认为不能简单中止，深部值得探索。于是，汤中立主持编制了第二矿区深部找矿设计方案。方案的核心就是设计了一批深度400~550米的钻孔，找岩体漏向深部岩枝中的矿体。

深度勘探，充满了悬念，是需要非常大的魄力和勇气的。12行22号孔的施工设计深度为530米，预计打到岩枝中矿体后将于460米处穿过去进入底盘围岩。可是，在实际施工中虽然见到了岩枝，但岩枝中并不见矿，钻孔却提前于375.7米打穿岩枝进入围岩。这下汤中立面临考验，是否终结钻孔？因为按照常规，见到底盘围岩就可终孔。但汤中立根据所打到的岩石还不是含矿纯橄岩，推测主岩体还没有打到，深部还大有希望。于是，他甘冒风险，勇于担责，坚持不能终孔，要求继续向深部钻探。结果在410.71米又见到第二个岩枝。汤中立不屈不挠，再次修改设计方案，要求继续加深钻探，终于在566.71米处见到下部岩枝中的隐伏富矿体。汤中立这时大胆进取，经过多次调整设计深度，并换了一台千米钻机施工，一直钻到924.87米时才穿过岩体终孔。结果隐伏矿体厚度达358.16米，完成了第一次地质探索的重大突破。

汤中立乘胜追击，依据22号孔的实践结果，又在1000多米长的地段布置了几十个钻孔，几乎每个孔都见到了深部隐伏富矿体，这使金川矿床的铜镍勘查储量翻了几番，一举成为世界第二大镍矿。这次勘探，结束了我国缺镍少铂的局面，使我国步入了世界镍资源大国的行列。1981年国务院批准建立金昌市，从此昔日的荒山戈壁变成了名扬四海的镍都。

1986年，甘肃省人民政府和地质矿产部在金昌市公园内建立地质工作者纪念碑，甘冒风险、勇于承担责任的汤中立作为镍都开拓者的代表之一，他的名字被镌刻于碑文中。

可以设想，如果汤中立思想保守，一味求稳，那么今日镍都的辉煌怕要永远深埋地下了。

中国科学院院士 干福熹

开辟新领域

今天,光盘已经进入千家万户和人们的日常生活,但20年前人们却不知光盘为何物。1980年当选为中国科学院院士(学部委员)的光学材料、非晶态物理学家干福熹提出要搞光盘存储技术研究时,听到的却是这样的风凉话:"磁盘都还没有搞好,搞什么光盘!"

干福熹不为所动。1984年,他主动辞去中国科学院上海光学精密机械研究所所长职务,全身心地投入了新领域——光储存技术——的开拓进取。

干福熹的决心来自开阔的视野。他看到,20世纪上半叶,信息技术主要靠电子学和微电子学支撑,但到70年代,光电子学技术兴起,逐步取代了电子学和微电子学。到80年代初,光电子学技术的重要方面——光纤激光通信已逐步为人们重视,而另一个重要方面——光存储技术却鲜为人知。他分析研究了光存储

像院士一样思考
——100位院士思维故事100例

院士小传

干福熹（1933— ），光学材料、非晶态物理学家。浙江杭州人。1952年毕业于浙江大学。1959年获苏联科学院硅酸盐化学研究所副博士学位。曾任中国科学院上海光学精密机械研究所研究员、博士生导师、所长，中国科学院上海分院副院长，复旦大学信息科学与工程学院教授等职。1980年当选为中国科学院院士（学部委员）。1994年当选为第三世界科学院院士。出版专著10余部，发表论文500余篇。先后获国家自然科学奖三等奖、国家科技进步奖二等奖、中国科学院科技进步奖一等奖、国家优秀科技图书奖特等奖等。

和磁存储的各自优缺点，觉得光盘存储技术可以与磁盘、磁带存储技术相互竞争和补充。于是，他高瞻远瞩，果断提出，研究所的发展方向除了激光科学技术外，要向光电子领域扩充，要把光电子技术列为重点。

没有了行政领导职务的缠绕，干福熹有更多的时间、精力，投入新领域的艰苦探索。他开始了对信息技术知识和光电子技术知识的重新学习，并且涉及对材料学这个新领域的补课。作为材料学来讲，以往光学材料和激光材料是立体材料，而光盘存储材料是薄膜，涉及薄膜物理和薄膜工艺等新的科学技术。他开始致力于光存储材料的开拓，经常讲自己是"两栖动物"，即跨了物理和材料科学两个领域，他也是我国第一批光学和无机材料两个专业的硕士生和博士生导师，学科交叉和开拓新的学科领域成了他和他的学生共同努力的目标。

经过一番拼搏，干福熹在光电子技术的研究中取得了重大成果。领军承担了一些国家重点科技攻关任务、中国科学院重大科研项目，以及中央和地方的多项科研工作，在中国建起了光存储技术的研究开发基地，召开过 4 次国际光存储讨论会，在国际上产生了一定的影响。

"所以，我认为作为科技工作者，特别是资深的科技工作者，要有宽阔的视野，不断学习新的知识，不断地探索、开辟新的科技领域。"这是干福熹的经验之谈。他还大声疾呼，撰文告诉人们："我们正在走向光子信息时代！"

中国两院院士 沈志云

超前意识是创造性思维的源泉

在高速铁路迅猛发展的今天,在人们出行越来越快速便捷的新的时代,人们自然而然地会想到一个人——沈志云。

还在1988年,时任西南交通大学教授的我国机车车辆专家沈志云便力主建设高速铁路,目标是每小时400公里,并提出研制高速机车车辆试验台。当时,铁路界的许多同志持不同看法,认为旅客要花十几小时排队买票,何必在乎缩短几小时的运行时间,所以主张"扩容",而反对"提速"。幸运的是,国家计委专家评审组的专家们看中了沈志云申请报告中的超前思维,认为有新意,有创造性,有希望达到国际先进水平,从而给予了较高评分。结果,西南交通大学申报的牵引动力实验室建设计划成为铁道部门唯一一个国家重点实验室建设计划。到了20世纪90年代中期,铁道运输速度的矛盾突出了,铁道部内也掀起了建设高速铁路的热潮,这时许多单位才想起要建设高速机车车辆试验台,

第四辑
突破·创新

院士小传

沈志云（1929—   ），机车车辆专家。湖南长沙人。1952年毕业于唐山铁道学院机械系。1961年在苏联列宁格勒铁道学院获技术科学副博士学位。曾任西南交通大学教授、博士生导师，牵引动力国家重点实验室主任等职。1991年当选为中国科学院院士（学部委员）。1994年当选为中国工程院院士。获国家科学技术进步奖一等奖、詹天佑铁道科学技术奖、中国铁道学会科学技术奖一等奖、何梁何利基金科学与技术进步奖。

然而，耗费巨大的试验台是不可能重复建设的。他们只能把羡慕的目光投向西南交通大学。

西南交通大学靠超前意识，抢占了高铁这个高科技研究的制高点。此后，沈志云在1994年香山科学讨论会上，除积极主张修建京沪高速铁路，发展我国自己的高速铁路技术外，还主张开拓另外两个领域的研究开发工作。一是发展摆式列车，以适应既有铁路线上的提速要求；二是研制超导高速磁悬浮列车，以填补400～600公里/小时这个速度空间，为进一步提高列车速度做准备。当时，有些同志认为既有铁路线提速不现实。然而，不出3年，运输市场机制迫使铁道部门开始考虑既有铁路线的提速问题。关于磁悬浮列车，国家科委很快也作为"863计划"项目立项，研究高温超导磁悬浮技术。西南交通大学受命作为这个重大项目的主持单位。

沈志云从1988年开始研制机车车辆整车滚动振动试验台，目标定位为赶超德国的慕尼黑试验台。该试验台的功能在世界上是最全的，德国花了10年时间，耗资9000万马克，才在1985年建成。当初，国家计委专家组论证时，问沈志云有什么风险，沈志云如实回答：如果研制成功，那将在世界领先；但若失败，则将是一堆废铁。为慎重起见，国家计委还组织专家来西南交通大学实地考察，经多方论证，最后还是批准了沈志云的计划。西南交通大学老教授、中国科学院院士曹建猷告诫沈志云："你是提着脑袋在干这样大的项目，如果失败，浪费国家这么多钱，是要掉脑袋的。"沈志云牢记曹院士的告诫，在铁道部的大力支持下，兢兢业业，顽强攻关，只花了7年时间，就将试验台建成，在一些方面还超过了德国慕尼黑试验台。从此，我国的机车车辆研究试验提高到了现代国际先进水平。韩国、俄罗斯等国闻讯，纷纷前来洽谈合作。

回顾这段科研之路，沈志云深有感触地说："超前意识是创造性思维的源泉。""没有超前意识，不敢独辟蹊径，是很难取得创造性成果的。"因其思维的超前和科研成果的丰硕，沈志云于1991年当选为中国科学院院士（学部委员），1994年当选为中国工程院院士。

中国工程院院士 王忠诚

突破需要胆识

著名神经外科专家、中国工程院院士王忠诚,曾任北京宣武医院、天坛医院院长。他擅长做极为复杂的脑外科手术,在这个令人望而生畏的领域不断创新和突破。他说:"医学上的突破,简单地说就是做别人没有做过的事情。一方面借鉴别人的经验总结,另一方面站在当代科学的基础上寻求突破。这需要胆识,更需要科学的精神和态度。"

1976年,王忠诚成功地进行了国内第一例"垂体腺瘤全切除"的显微外科手术。以前,垂体腺瘤只能部分切除,日后还要复发,还要再做手术,给病人带来很大痛苦。由于显微手术的应用,才使垂体腺瘤全切除成为可能。这是神经外科手术的一个重大突破。

1978年,王忠诚又成功进行了国内第一例"枕动脉与小脑后下动脉吻合术",使脑血管手术质量达到了一个新水平。这种手术难度在于:要在放大10倍显微镜下将小于1毫米的脑内血

像院士一样思考
——100 位院士思维故事 100 例

院士小传

王忠诚（1925—2012），神经外科专家。山东烟台人。1950 年毕业于北京大学医学院。曾任北京宣武医院院长，北京天坛医院院长，北京市神经外科研究所所长、教授，兼任中华医学会常务理事。1994 年当选为中国工程院院士。曾获国家科技进步奖二等奖 3 项，何梁何利基金科学与技术成就奖，2008 年度国家最高科学技术奖。2019 年入选"最美奋斗者"名单。

管与大于 1 毫米的脑外血管进行端侧吻合，一般缝合 10 针。此时必须全神贯注，用比绣花针还细的缝合针，在直径不到 1 毫米的半透明血管的吻合处进针、拔针、打结。每一针都要做好多方面准备，10 针竟缝合了 10 小时。而事先要在动物身上反复实验、体会，以便做到每一针都十分准确到位，不能有一丝一毫误差。这一手术成功，获得了全国科学大会奖。

20 世纪 80 年代，颅内动脉瘤被认为是神经外科最难做的手术之一，死亡率极高。动脉瘤最大的危险是突然破裂出血危及生命，有颅内"定时炸弹"之称。王忠诚决心攻下这个堡垒。他经过数年努力与研究，熟练掌握了该手术技巧，使手术死亡率降至 2% 左右，并创造了连续 60 例无直接死亡的纪录。该项成果获得了 1985 年国家科技进步奖二等奖。

脑干是生命中枢，脑中之"脑"，主宰呼吸、心跳和醒觉中枢，一直被视为手术禁区。从 1981 年起，王忠诚针对这一世界难题，进行基础和临床的系列研究，历经十载，苦心钻研，开创了一整套诊断及手术对策，使得脑干的良性肿瘤可以治愈，恶性肿瘤能改善其生活质量并延长生命。2000 年 6 月 6 日，在王忠诚主持下，临时组建一个手术组，为一名生命垂危的外地患者实施

第四辑
突破·创新

了世界罕见的高难度脑干旁巨大血管网织细胞瘤切除手术。经过13小时的手术，终于成功地从患者后脑深处紧靠脑干的部位，完整地摘下一个直径为6.5厘米的瘤体，挽救了病人的生命。这个手术的成功，是我国乃至世界神经外科领域的又一重大突破。

此外，王忠诚还成功实施了脊髓内肿瘤手术，打破了一个个手术禁区。

到20世纪80年代中期，王忠诚成功地施行脑动脉瘤手术1000余例。从1980年至2000年，他在脑干上做手术524例，死亡率不足1%。进入21世纪的最初几年，他完成脊髓内肿瘤切除手术290例，无一例死亡，无一例瘫痪，全切除率80%以上。创造了脑外科手术史上的奇迹。

王忠诚欣慰地总结道："过去，颅内是有许多手术禁区的。禁区内有病被视为不治之症，一旦得上，患者只能等死。这些年来，我一直在研究打破这些禁区的对策，现在终于一个一个被打破了，使不可能变为可能。在这里，创新思维起了十分重要的作用。创新必得破旧。当然，创新得靠科学做依据，否则，就是蛮干胡干了。特别是医学，面对的是人，是不允许掉以轻心的。"

中国科学院院士 刘振兴

注重调研文献

"注重调研文献",是空间物理学家、中国科学院院士刘振兴的科研特色。他说:"在科研工作中,必须调研文献。学习文献的主要目的是了解目前该学科领域的进展情况和存在的问题,从前人的工作中受到启发和吸收'营养',发展自己的概念和方法。在学习文献时切忌迷信学术权威的思想,以为他们的研究完美无缺,没有发展的余地了。事实上,任何一项研究成果都是阶段性的,必然会有新的发展。研究工作的目的,就是在现有水平的基础上,解决目前还未解决的问题,推动这方面研究进一步发展。"

正是遵循在了解文献的基础上进一步加以发展的科研思路,立足创新,刘振兴不断取得科研创新的丰硕果实。

1957年,刘振兴在研究近地层大气湍流问题时,通过调研文献,发现前人已从不同的角度提出了各种模式,但每个模式都有

第四辑
突破·创新

院士小传

刘振兴（1929—2016），空间物理学家。山东昌乐人。1955年毕业于南京大学气象系。1961年获中国科学院地球物理研究所副博士学位。曾任中国科学院空间科学与应用研究中心研究员、博士生导师，地球空间环境物理研究开放实验室主任，中国与欧洲空间局空间科学合作的中方首席科学家，中国Cluster科学数据研究中心主任。1995年当选为中国科学院院士（学部委员）。发表论文160余篇，合作编著专著6部。获全国科学大会奖、国家自然科学奖三等奖、中国科学院自然科学奖一等奖。

一定的限制条件。于是他发展了一个较普遍的模式，将前人的模式统一起来，推动了这方面研究的发展。

1960年，刘振兴在研究流星与高空大气相互作用的动力学和热力学问题时，通过调研文献，感到过去的流星理论存在一些问题。他认为流星是以高速在稀薄的高空大气中运动，应采取稀薄气体动力学的方法进行研究，于是提出了一个新的流星理论和一个新的气体动力学区域划分方法。这项研究受到著名力学家、"两弹元勋"郭永怀教授的好评。

1980年至1981年，刘振兴在美国做访问学者时，进行木星磁层研究。他根据美国"旅行者"飞船对木星磁层探测的最新资料，认为必须突出木星的快速旋转对木星磁层磁盘结构的影响。在这一思想指导下，他提出了一个新的木星磁层磁盘模式，该模式被写入剑桥大学出版社出版的《木星磁层物理》一书中，被称为"刘氏模式"。

1985年，刘振兴开始研究磁层中的磁场重联理论。他从文献中得知，当时国际上已提出了几个瞬时磁场重联模式，但这些模式在应用于磁层顶边界层时受到限制。他认为，在磁层顶边界层区存在着较强的速度剪切，速度剪切会产生流体涡旋，流体涡旋会对磁场重联产生重要的影响。根据这一思想，他建立了一个新的磁场重联理论，称为涡旋诱发重联理论，并提出了一个新的通量传输事件模型。该理论被国际同行认为是当今最先进和最真实的瞬时重联理论，截止到 2000 年前后，已被国内外学者引用 60 多次，成为国际上最主要的三个瞬时模式之一。

刘振兴通过调研文献，还发现空间物理是在卫星探测的基础上发展起来的一门新兴学科，我国在卫星发射技术方面已进入国际先进行列，但在科学探测方面，与发达国家相比还有较大差距，这是限制我国空间物理发展的主要因素之一。1991 年，他向欧洲空间局提交了一份合作提案，该提案被欧洲空间局科学评审委员会通过，由此开始了双方的合作。1997 年，他又提出了一个"地球空间双星探测计划"，也被欧洲空间局所接受，双方继续进行着卓有成效的合作。

刘振兴所极为看重的"调研文献"，其实就是一个扩大知识面的问题。他的结论是："知识面的广度影响科研工作的深度。没有知识面的广度，就不会有知识面的深度。"

中国工程院院士 张涤生

敢为天下先

"某些疑难危重病人往往介于'可治'和'不可治'的特殊矛盾中,如果医生敢于'跳一跳',就可以把'果子'摘下来,把'不可治'转化为'可治';如果不敢正视困难,怕担风险,原来'可治'之症就有可能成为'不治'之症。有时候'跳一跳'可以摘下'果子',但有时候'跳起来'也未必摘到'果子',这时就得想方设法,取一块'砖石'来垫脚,或请人托一把,'果子'就可以摘下来,甚至摘得更多些。"

说这话的,是上海市整复外科研究所名誉所长、上海第二医科大学终身教授、中国工程院院士张涤生。

在半个多世纪的行医和科研工作中,张涤生身上发生过许多"跳一跳"摘"果子"的感人故事。

1969年秋,河南偃城上海救灾医疗队送来一名背臀部长有巨大肿瘤的农妇。这名29岁的青年妇女,背臀部长有一个巨大肿瘤,

像院士一样思考
——100位院士思维故事100例

院士小传

张涤生（1916—2015），整复外科、显微外科及颅面外科专家。出生于吉林长春，籍贯江苏无锡。1941年毕业于南京国立中央大学医学院。曾任上海市整复外科研究所名誉所长，上海交通大学医学院终身教授。被誉为中国"整复外科之父"。1996年当选为中国工程院院士。发表论文130余篇，主编专著12部，参加编写中外专著30余部。先后获国家级、部级及上海市科技成果一、二、三等奖共28项，发明奖1项。

并向腹侧壁伸延，如两条蟒蛇缠绕到腹壁前方；近年来破溃出血，感染流脓，加上营养不良，全身衰竭，奄奄一息。来沪住院检查后，诊断是患有巨大良性纤维瘤。张涤生根据自己的经验和医院条件，认为还是有可能把它切除治愈的，但是也存在不少风险：一是病人全身情况很差；二是手术中会大量出血；三是肿瘤切除后创面很大，病人没有足够的皮肤移植以修复创面；四是肿瘤过大，很沉重，**手术中有可能连同病人一起翻滚下手术台**；五是手术一旦失败，在当时的社会条件下，政治上负不起责任。

这名病人接还是不接？张涤生经过反复思想斗争，最终还是决定为病人施行手术。他组织全科人员共同制订出手术方案，针对存在的困难，想了不少办法，逐一予以解决。比如，他们在手术台上方安置了一个滑轮，把肿瘤吊起，以达到固定并减少出血的目的。他们还巧妙地在瘤体上采皮和植皮1600平方厘米。结果，他们手术中为病人输血1万毫升，切除了一个重达33公斤的巨瘤。切除如此巨大的肿瘤，不要说在国内，就是在国际上也是首例。病人经过一个多月休养，治愈出院，一年后，她还生了一个胖娃娃！

第四辑
突破·创新

张涤生进行首例胸骨裂并发心脏外裸的先天性畸形矫治手术,也是他"跳一跳"摘"果子"的经典案例。

1996年四五月间,一个叫吴青的小女孩成为上海的新闻人物。她出生时心脏在前胸皮肤下跳动,心脏下面还有一个鼓鼓的肠包(腹壁疝)。她的爸妈辛辛苦苦把她养大,9年来四处寻医问药,但没有一家医院愿意收治。张涤生偶然看到一篇《女孩的心长在胸腔外求救》的报道,反复研究考虑,认为她可能是患先天性胸骨裂而造成心脏异位畸形,也许整复外科的技术可以为她进行手术治疗。经过几番周折,小女孩终于从湖北老家来到上海。

张涤生接下这样一个病人,着实让人为他捏一把汗。有人干脆劝他别管"闲事"了,理由很简单:这种罕见的疾病,手术难度极大。据文献记载,全世界18例这种畸形病孩,迄今活着的仅有1人,大部分病人在出生后不久或在幼年时就夭折了。张涤生当时已年逾80岁,出了问题,会毁掉他的一世"英名"。但为了挽救孩子的生命,张涤生把个人的荣辱置之度外,决心知难而上,"跳一跳"摘"果子"。他和同事们以及有关学科专家一起,反复讨论研究,制订可靠方案,决定为孩子的心脏盖一座新房保护起来。风险是不言而喻的,但最后,他和整复外科专家、骨科专家、普外科专家通力合作,经过6小时紧张、复杂、有序的手术操作,小吴青外露的心脏终于获得新的保护屏障,不再担心碰撞,危及生命了。3年后随访,孩子已经可以和别的小朋友一样,正常地学习和生活了。

张涤生为什么敢于"跳一跳"摘"果子"?答案就在他的另一段话中:"医生还要树立敢为天下先的创新精神。人家做过的,我们要学习;人家没做的,我们就要创新做第一例。坐享前人成果,没有创新,学科就难以发展。"

中国两院院士 钱学森

培养大跨度的联想能力

2005年3月29日下午，因病住进解放军301总医院的两院资深院士钱学森，把身边的工作人员找来，做了生平最后一次系统谈话。这次谈话的主题是：科技创新人才的培养问题。

钱学森从最近读到的《参考消息》上讲美国加州理工学院的情况谈起，回顾了自己20世纪30年代由麻省理工学院转到加州理工学院学习的感受。令钱学森念念不忘的，是加州理工学院活跃解放的学术氛围和兼收并蓄的学习方法。钱学森本来是航空系的研究生，但他的老师鼓励他学习各种有用的知识。他到物理系去听课，那里讲的是物理学的前沿，原子、原子核理论、核技术，连原子弹都提到了。他到生物系去听课，那里有摩根这个大权威，讲的是遗传学。他还到化学系去听课，那里有系主任、诺贝尔化学奖得主L.鲍林讲化学的前沿结构化学。L.鲍林对这个航空系的研究生去听他的课，一点也不排斥。L.鲍林比钱学森大

第四辑
突破·创新

院士小传

　　钱学森（1911—2009），应用力学家、航天技术和系统工程学家。出生于上海，籍贯浙江杭州。1939年获美国加州理工学院航空和数学博士学位。1955年回国，曾任中国科学院力学研究所所长，中国科学技术大学力学系主任，第七机械工业部副部长，中国空间技术研究院院长，中国人民解放军国防科委副主任，全国政协副主席，中国科协主席、名誉主席等职。1957年补选为中国科学院院士（学部委员）。1994年当选为中国工程院院士。1999年获得"两弹一星"功勋奖章。被誉为"中国航天之父"和"火箭之王"。发表论文500余篇。

十几岁，他们后来成了很好的朋友。L.鲍林晚年主张服用大剂量维生素的思想遭到生物医学界的普遍反对，但他仍坚持自己的观点，甚至和整个医学界辩论不止。他自己就每天服用大剂量维生素，活到93岁。回顾完这些，钱学森感慨地说："加州理工学院就有许多这样的大师、这样的怪人，决不随大溜，敢于想别人不敢想的，做别人不敢做的。大家都说好的东西，在他看来很一般，没什么。没有这种精神，怎么会有创新！"

　　钱学森还讲了加州理工学院一些有趣的事：鼓励那些理工科学生提高艺术修养。钱学森所在的火箭小组的头头马林纳就是一边研究火箭，一边学习绘画，他后来还成为西方一位抽象派画家。钱学森的老师冯·卡门听说钱学森懂得绘画、音乐、摄影这些方面的学问，还被美国艺术和科学学会吸收为会员，十分高兴，对钱学森说："你有这些才华很重要，这方面你比我强。"因为他小时候没有钱学森那样的良好条件。钱学森的父亲钱均夫很懂得现代教育，他一方面让钱学森学理工，走技术强国的路；另一方面又送钱学森去学音乐、绘画这些艺术课。钱学森从小不仅对科学感兴趣,也对艺术感兴趣,读过许多艺术理论方面的书,像普列汉诺夫的《艺术论》,他在上海交通大学念书时就读过了。

  对于自己的读书经历和科研实践,钱学森的总结是:"这些艺术上的修养不仅加深了我对艺术作品中那些诗情画意和人生哲理的深刻理解,也让我学会了艺术上大跨度的宏观形象思维。我认为,这些东西对启迪一个人在科学上的创新是很重要的。科学上的创新光靠严密的逻辑思维不行,创新的思想往往开始于形象思维,从大跨度的聪慧中得到启迪,然后再用严密的逻辑加以验证。"

中国科学院院士 殷之文

"化学去氧法"的诞生

著名材料科学家、中国科学院院士殷之文有一个显著特点，每当取得一项科研成果，都从思维学上加以总结概括。比如，他对"化学去氧法"诞生后的总结概括，令人折服，给人启迪。

在氟化物闪烁晶体的研究过程中，由于氟原子争夺电子的能力比氧低，在生长过程中，氟化物很容易被氧化成氧化物。因此，为了避开氧的作用，长期以来，国内外晶体生长界均采用真空技术来生长氟化物晶体。但真空法的短板和缺陷在于：设备昂贵、工艺复杂、操作烦琐，增加了生产成本，降低了产品在市场上的竞争力。那么，真空法是不是回避氧气的唯一方法呢？有没有别的道路可走呢？殷之文提出了这样的问题。

熟悉科技史的殷之文相信"条条大道通罗马"的说法。他还知道这样一件事：对晶体空间群的推导，俄国结晶学家费多罗夫、德国数学家熊夫利和英国科学家巴娄三人在完全独立的状态

院士小传

殷之文（1919—2006），材料科学家。江苏吴县人。1942年毕业于云南大学采矿冶金系。1948年获美国密苏里大学冶金系硕士学位。1950年获美国伊利诺伊大学陶瓷工程系硕士学位后回国。曾任上海硅酸盐学会理事长、国际铁电体顾问委员会常任委员、中国科学院上海硅酸盐研究所研究员、学术委员会主任。1993年当选为中国科学院院士。长期从事无机功能材料，特别是铁电、压电陶瓷，以及功能晶体的研究，在国际上有较高声誉。获得国家科技发明奖二等奖2项。1998年获得何梁何利基金科学与技术进步奖。

下，各自采用不同的方法，准确地推导出了晶体中的230个空间群。由此，深受启发和鼓舞的殷之文开始了搜寻通往"罗马"的又一条道路。

他分析认为，真空技术是用物理方法强行把氧气驱逐出反应系统，而驱逐得是否干净、彻底，则完全取决于真空设备性能的好坏，万一有少量的氧气未被赶走，其后果依然十分糟糕。所以，真空法并非唯一有效的除氧方法。不过，如果在系统的内部放置一种能够"吞噬"氧气，而对晶体又无副作用的物质，则同样可以达到阻止氧气去参与反应的目的。如果把真空技术称为"物理去氧法"，则可以把后者叫作"化学去氧法"。化学去氧法可以作为物理去氧法的补救措施。如果效果好的话，甚至可以单独使用。此时，尽管他尚不知道究竟有没有这样一种既能吞噬氧气又对晶体无害的物质，但他已经感到这是一种有别于真空法的化学去氧法，从而明确了研究方向。

研究方向的明确决定了思路的清晰，工作的针对性随之大大增强。终于，经过沈定中研究员的不懈努力和艰苦探索，他们找到了这种物质，并应用于BaF_2、CeF_3和PbF_2晶体的生长，取得了良好效果。从而可以完全避开国内外沿用至今的真空下降法，为晶体生长工艺开辟了一条新途径。

就此，殷之文总结概括说："如果按照爱德华·德波诺对人类思维方式所进行的分类，我在解决这一问题时所运用的思维方式是横向思维。据研究，在人们的思维方式中，多数人只掌握一种精心利用大脑的方法，这就是纵向思维。它遵循一条最明显的思维路线，按照传统的思维惯性和普遍公认的逻辑规律，从一个稳定的步骤导向另一个稳定的步骤，其结果只能是'把一个原有的孔钻深、扩大，但却始终不会换一个位置重新钻孔'。**而横向思维则是要打破陈旧的、自我延续下来的思维定式和思维惯性，创造出观察事物的新方法。从某种意义上讲，横向思维就是创造性思维**。化学去氧法就是在剖析了真空去氧法这一占支配地位的方法之后，把它定义为'物理去氧法'而记录在册，使人们从传统的起支配地位的思路中挣脱出来，代之以从另一个方向——氧气的化学活性这一角度进行观察和分析，从而完全摆脱了纵向思维的制约，找到了解决问题的新办法。"

中国科学院院士 何祚庥

选择"做"的路线

著名粒子物理、理论物理学家，1980年当选为中国科学院院士（学部委员）的何祚庥，经常接到一些年轻同志的来信，询问怎样才能做好科学研究？还有一些年轻同志寄给他一些自己创作的论文，要求他提意见，其实都是些走了弯路的。对此，他给出的建议和忠告是：**选择"做"的路线，不妨从模仿到创造。**

何祚庥1951年毕业于清华大学。毕业前夕，他和周围的同学、老师们曾讨论过一个面临的紧要问题：从事科学研究，究竟是做还是学？有两种意见相持不下：一种意见是，在做研究之前，必须打好基础，是学了再干；另一种意见是，要做好科学研究，那么首要的是行动，是在做中学习。他和一些志同道合的朋友选择了"做"的路线，结果十年过去，对于那些开始从事科学研究工作所常遇到的"困难"，也就不成其为困难了。并且，他沿着"做"的路线走下去，先后取得了一系列研究成果，比如，在理论物理学方面，对

第四辑
突破·创新

院士小传

何祚庥（1927— ），粒子物理、理论物理学家。出生于上海，籍贯安徽望江。1951年毕业于清华大学。曾任中国科学院理论物理研究所研究员、副所长，北京大学科学与社会研究中心兼职教授。1980年当选为中国科学院院士（学部委员）。是氢弹理论的开拓者之一，中国第一颗原子弹和氢弹的研制参与者之一，为中国国防现代化做出过重要贡献。

弱相互作用特别是 μ 俘获问题做了深入研究，发现了一系列新的选择法则；对复合粒子量子场论建构了一个新的理论体系；对宇宙论中的暗物质问题，如中微子质量问题等进行了创造性的有价值的研究。在科学史、自然辩证法、哲学、政治经济学等方面，曾先后探讨了有关中国古代元气学说方面若干重要问题，并着重探讨了粒子物理和宇宙论研究中有关马列主义哲学问题，先后探讨了粒子的可分性、场的可分性、真空的物质性、宇宙的有限和无限等问题，澄清了对这些问题认识上的一些模糊观念。又在量子力学和认识论方面进行了大量工作，澄清了在"波包扁缩"问题、EPR 佯谬问题上的一些错误观念。在科学方法论、教育经费、科技政策、社会经济、政治、和平与裁军等方面的研究也取得重要成果。

何祚庥从事科学研究选择"做"，而不是"学"，是有其逻辑规律的。一般来说，在开始做科学研究的时候，所遇到的最大困难是信心不足，把握不大，以致没有勇气做下去。原因无非三种：一是自我感觉知识太少；二是克服困难的办法不多；三是既发现不了问题，也提不出问题，不知如何下手。这样，尝试了几次之后，也就灰心了！何祚庥分析说："其实以上三种困难是初学者经常遇到的问题，产生这种困难的原因并不在于'做之太多'，而是'做之太少'。"因此，他大声喊话初学者："要学会游泳，就必须跳下水!"

当然,何祚庥并非否认知识的基础作用和理论的指导作用。他是幽默而辩证的。他在强调必须"跳下水"的同时,又谆谆告诫说:"学游泳而没有教练员的指导,就可能呛水,甚至发生溺水事故。"他直言相告:"人们在从事科学研究工作以前,必须掌握一定的预备知识。……那种试图超越大学和研究所的正规学习,而直接进入科研阶段的想法是不足取的。"他也并不否认,在开始做研究工作的时候,也会出现各种具体困难。如果不解决这些困难,仍然不能前进。对此,他给出的建议是:从模仿到创造。

何祚庥认为,在科学工作中由"模仿"一些著名的科学工作"入手",是一种普遍采用的方法。他从不讳言,自己在年轻时所做的一些"研究",大多是带有"学习"性质的研究。在1958—1960年间,他曾参加了两类科学问题的研究:一是将普适费米弱相互作用理论应用于各种具体过程;二是使双重色散关系理论进一步发展,亦即试图从双重色散关系中,导出各个具体物理过程的散射振幅所满足的积分方程。老实说,这两类问题的原始思想都由前人提出,谈不上真正的创造性。但是,在这种带有"学习"性质的工作过程中,不论在思想方法、工作方法以及研究技巧上都得到了很大的发展,而且还得到了一些有意义的结果。

多年之后,何祚庥回顾既往,深有感触地说:"尽管我在那一时期的工作大都是带有模仿性质的工作,谈不上什么创造性的研究,但这是很重要的锻炼和学习。如果不是亲身参加到科学工作中去,像以上所举出的有关科学工作的'甘苦得失',是完全不能体会的。中国科学院物理研究所有一位毕生都在从事晶体生长研究的张乐德研究员,她在一次讨论会上曾写下两句诗:'图到用时方嫌少,晶非拉过不知难!'这里的图是指相图,这两句诗,确实是写出科学工作中'真正的体验'了。"

中国两院院士 王越

给人一把"金钥匙"

王越是我国著名通信与信息系统专家,他的头衔很多:曾任中国兵器工业第206所所长、北京理工大学校长、中国兵工学会副理事长、国务院学位委员会学科评议组召集人、国防科学技术工业委员会专家顾问;科研成果更为丰硕:曾担任许多大型雷达和火控系统的总设计师和行政指挥,提出并建立了我国电子对抗的理论体系,获1978年全国科学大会奖,1989年国家科技进步奖一等奖和国家发明奖四等奖,1999年何梁何利基金科学与技术进步奖。他1991年当选为中国科学院院士(学部委员),1994年当选为中国工程院院士。

王越给所带学生讲的第一节课,就是要掌握"科技哲学",用马克思主义哲学思想指导科研。用他的话说,"授人以鱼不如授人以渔",培养科技人才,最重要的是给人一把"金钥匙"。

王越挂在嘴上的"科技哲学",他是这样解释的:"在武器

像院士一样思考
——100位院士思维故事100例

院士小传

王越（1932—   ），通信与信息系统专家。江苏丹阳人。1956年毕业于中国人民解放军军事电信工程学院（今西安电子科技大学）。曾任兵器工业部研究所所长、研究员级高工，北京理工大学校长、名誉校长，国防科技工业局科技委委员等职。1991年当选为中国科学院院士（学部委员）。1994年当选为中国工程院院士。获全国科学大会奖，国家科学技术进步奖一等奖，机电部科技进步奖特等奖，国防科技进步奖一等奖，高等教育国家级教学成果奖特等奖、一等奖、二等奖等。

装备的科研中，树立大系统、大集合观念，是一个相当重要的问题。这几年，我根据国内外科技发展的方向、趋势和规律，结合自己的实践，在如何运用'三论'即信息论、系统论、控制论搞科研方面，做了一些探讨。我们知道，当代是一个开放的世界，武器装备的科研尽管有保密的一面，但作为科研体系，作为发展和改善武器装备的大思路，应当是开放的，全员参与、善于合作的，多维论证的，并且要考虑可持续发展。就工业部门和军方的关系而言，军方的牵引作用要加强。就军方的需要而言，作战使用的牵引作用要加强。就课题的选择、论证而言，要从系统工程的角度，从时间维、性能维、费效维、发展维四方面考虑。比如，一个课题，论证时处于领先地位，如果不抓紧，老牛拉破车，等到研制出来，早就落后了。这就是一个时间维的问题。再比如，一项预研装备，部队急需，也确实是个好东西，但研制出来后造价太高，根本用不起，这也不行。这就是一个费效维的问题。我国高科技装备应以精品为主，构成可持续发展的自主体系，这就是一个发展维的内容。各维指标体系间充满了矛盾，这些，说到底是一个系统的科学辩证综合的问题，也是个科技哲学的问题。"

王越的工作非常繁忙。他从北京理工大学校长的位置上退下来后,不但没有清闲多少,相反,倒显得更像一个陀螺转个不停,事情更多、时间更紧、工作强度更大了。他外出讲课、参加会议、带教人才,经常是今天风尘仆仆从外地回京,住一夜第二天又出发去外地了。家,似乎成了旅馆和中转站了。原来,他自知年事已高,不可能像当年那样直接奋战在科研攻关第一线,但自信手握科学思维的"金钥匙",他要把"金钥匙"赠送给年轻人,赠送给全社会,以期更大范围内的丰收。真是"老牛亦解韶光贵,不待扬鞭自奋蹄"!

无论是王越带教的学生,还是采访过他的记者,在与他一番交谈之后,都会生出这样的感叹:"听君一席话,胜读十年书。"

第五辑

勤奋·坚韧

认准了路,就要坚定地走下去。

——岑可法

引　题

勤奋和坚韧，戒除浮躁，对院士而言，庶几可以称为最重要的品格。

一个"勤"字，一个"韧"字，其实内涵非常丰富。它们以志向为根基，以信心为前提，以勇气为号角，以谦逊为灯塔，以硕果为回报。

没有远大的志向，就不会勤奋学习；没有必胜的信心，就不敢迎接挑战；没有"明知山有虎，偏向虎山行"的勇气，就不会战胜艰难险阻；没有拼搏奉献的付出，就难以看到胜利的曙光；没有山外有山、人外有人的谦逊，就做不到百尺竿头更进一步；而具备了这些，恭候你的必定是累累硕果。

科研攻关，不会一帆风顺。在挫折和失败面前，院士们都坚韧不拔，锲而不舍。他们根本不怕挫折、不怕失败，大都有坚持了最后一次实验、结果迎来了成功的体验，也不无因气馁放弃而功亏一篑、追悔莫及的教训。

还是要铭记两位哲人的名言。一句是卡尔·马克思说的："在科学上没有平坦的大道，只有不畏劳苦沿着陡峭山路攀登的人，才有希望达到光辉的顶点。"另一句是何塞·马蒂说的："谁肯设法去猛攻天堂，谁就有资格登上天堂。"

中国科学院院士 张香桐

保持旺盛的求知欲

保持旺盛的求知欲,是著名生理学家张香桐的突出特点。这位1957年被增聘为中国科学院院士(学部委员)的资深科学家如此评价自己:"求知欲是科学研究的内在动力。我的不少工作,出名的或不出名的,都是在强烈的好奇心和求知欲的驱使下进行的。"

张香桐在北京大学预科班即将毕业时,在升本科选择专业的座谈会上说:"我想入心理学系。我想知道人类是如何进行思维的,又是如何控制自己的行为的。进入心理学系学习,可能会帮助我解决这些问题。"后来,他发现心理学系所讲授的那些课程并不能满足他的求知欲望,同时也认识到,大脑才是思维的物质基础。因此,他又把注意力转向了有关中枢神经系统的化学及生物学方面,选修了许多相关课程。并乘北京大学心理学系改组之际,到北京协和医学院与医学院的学生们一起上生理学课,一起

像院士一样思考
——100位院士思维故事100例

院士小传

张香桐（1907—2007），生理学家。河北正定人。1933年毕业于北京大学心理学系。1946年获美国耶鲁大学医学院生理系哲学博士学位。曾任中国科学院上海生理研究所研究员，上海脑研究所研究员、所长、名誉所长，中国科学院神经科学研究所名誉所长。1957年被选聘为中国科学院院士（学部委员）。获全国科学大会奖、中国科学院科技成果奖一等奖。

做生理学实验，掌握了神经解剖学技术，为他一生从事神经生理学研究奠定了坚实基础。

张香桐的第一项科学研究"刺猬的听觉反射"，就是在看到刺猬的一种不寻常的行为后，在求知欲的驱使下完成的。1936年刊载在《中国生理学杂志》上的《刺猬的一种听觉反射》，是他的第一篇论文，也是他在学术生涯上迈出的第一步。抗战期间，他在安顺军医学校时，看到一只患有亨廷顿氏舞蹈症（一种少见的神经病）的狗，立即想到可以利用这只狗研究一下那种稀有的神经病。实验的结果引起了学术界的强烈反响。他和洛伊德博士合作的著名的研究"肌肉神经的传入纤维"，也是在个人兴趣的基础上完成的。他和洛伊德博士两人在显微镜下一根纤维一根纤维地进行了无数次的测量，实验结果成为神经生理学界的经典之作。由于掌握了神经解剖学的高尔基法，他在脑切片上看到大量的树突结构，马上意识到：这种结构在功能上必然具有重要作用。强烈的求知欲促使他迫切地利用各种可能的机会推进这项开创性的工作。在随后的数年内，他陆续进行了一系列与树突功能有关的实验研究，发表了多篇重要论文。正是由于这项研究，他获得了1992年"国际神经网络学会"颁发的"终身成就奖"。

第五辑
勤奋·坚韧

旺盛的求知欲，甚至使张香桐不顾自身安危，只为求得准确信息。比如，针刺镇痛是一种什么感觉？他很想亲身体验一下。为此，他请针灸医生在他身上做实验。被针刺过的上、下肢感觉极为不适且不能自由转动，四五天后还残存着不适的感觉。面对别人的不理解，他含笑解释道："以一人之痛，可能使天下人无痛，不是很好吗？"

中国科学院院士 丁舜年

保持好奇的天性

保持好奇的天性，对于1980年当选为中国科学院院士（学部委员）的著名电机工程学家丁舜年来说，是他智慧和创造性的不竭源泉。

丁舜年1932年由上海交通大学电机工程学院毕业后，留校任助教。他很向往到工厂工作，从事电工产品的研究开发，用他自己的话说："我不愿长期做重复性的工作，这是我年轻时学习理工知识的动因。"两年后，工厂与学校开创技术合作的先河，丁舜年终于如愿以偿，应聘到上海华生电器厂。

刚到华生厂时，厂里为改进电扇制造工艺，自制压制铝合金零件的设备已经投运，并取得很好效果。丁舜年想到，以铝合金代替钢材，可以降低成本，而且产品更美观，那么，电扇转子鼠笼导体是不是也可以用压铸铝合金代替铜条铜环呢？工厂鼓励他大胆试验，他便动手干了起来。但铝合金的成分较之钢材更为

第五辑
勤奋·坚韧

院士小传

丁舜年（1910—2004），电机工程学家。出生于江苏泰兴，籍贯浙江长兴。1932年毕业于上海交通大学。曾任机械工业部机械电子工程师进修大学电气学院名誉院长、高级工程师。1980年当选为中国科学院院士（学部委员）。长期从事电工产品设计和电工技术科研领导工作，成果丰硕。

复杂，冶炼技术难以掌握，因此用铝导体做鼠笼，断条较多，电气性能不符合要求，报废率很高。丁舜年没有泄气，他打破砂锅问到底，从头开始学习有关冶金方面的知识，搜集购买了当时所能见到的所有冶金类技术书籍，日夜研读，并设立了专门的试验室，自己动手冶炼。他和工人们将转子的铁心部分去除，铸成完整的铝铸件进行反复试验，终于取得成功。这时，上海美资GE电扇厂和另一些厂家仍采用铜条铜环焊接的老办法，比华生厂的制造成本高得多，还不如华生厂的产品美观。丁舜年发明的这一先进工艺，申请到了国家专利。随后，他主持设计了国内自制最大的交流同步发电机和低噪声新型"华生"牌电扇。

丁舜年出任第一机械工业部电器科学院院长期间，上级部门下达了研制高精度控制电机和其他微型特种电机的任务，以满足国防工业的急需。他经过一番思考，向承担此任务的电机研究室提出了研制的程序，即"设计—制造—测试—改进—再设计—再制造—再测试—再改进……"的程序。由于程序科学，研制工作很快取得了一系列重大成果。1964年，丁舜年调任机械工业部电工总局总工程师，接受了负责研制10万千瓦和20万千瓦大型汽轮发电机组的任务，这在当时是从未研制过的大容量汽轮发电机组。他组织有关工厂和科研单位集体合作，从调查研究、技术论证入手，在初步计算的基础上，提出设计任务书，经机械工业部和水利部联合审查批准，于1966年试制成我国第一套氢冷10万千瓦汽轮发电机组，安装在北京高井电厂，运行情况良好。以后，又扩大容量，研制成20万千瓦汽轮发电机组。20多年来已经生产出了100多套汽轮发电机组，成为我国电力工业的主力机组。20世纪70年代，丁舜年又主持研制了60万千瓦汽轮发电机组，负责设计发电机和自动化系统，提出了新的设计方案和试制成功了数十种自动化元件和仪表仪器。

回顾自己数十年来的科研之路，丁舜年深有感触地总结道："我的天性是好奇，希望天天有新鲜事发生，能让我去探究、去了解新事物。……我的指导思想是：只要具备最基本的条件，就应当接受有难度的研制开发任务，任务有难度，其他人不敢接，这就是机遇。抓住机遇，知难而上，克服了困难，完成任务，这就是一种创造。每接受一项任务，我都把它看成一个新的挑战，抖擞精神去迎战。"

中国两院院士 钱学森

不服输性格出智慧

有句哲言:"性格决定命运。"的确,中国科学院、中国工程院两院资深院士钱学森是公认的中国"导弹之父",他所具有的不服输的性格,从一定意义上决定了中国导弹研制的命运。

钱学森从美国归国之前,就已是国际知名的科学家。美国一位将领曾这样评价他:"无论在哪里,他都能抵得上五个师。"1955年11月25日,刚刚归国不久的钱学森来到哈尔滨军事工程学院参观,院长陈赓大将清晨从北京乘专机赶来迎接。在参观一个非常简陋而又原始的固体燃料火箭实验装置时,陈赓问:"钱先生,您看我们能不能自己造出火箭、导弹来?"钱学森说:"有什么不能的,外国人能造出来的,我们中国同样能造得出来,难道中国人比外国人矮一截不成!"陈赓兴奋地握住钱学森的手说:"好,我就要你这句话。"

此后,钱学森受命主持中国的导弹研制。一开始,走的是按

像院士一样思考
——100位院士思维故事100例

院士小传

钱学森（1911—2009），应用力学家、航天技术和系统工程学家。出生于上海，籍贯浙江杭州。1939年获美国加州理工学院航空和数学博士学位。1955年回国，曾任中国科学院力学研究所所长，中国科学技术大学力学系主任，第七机械工业部副部长，中国空间技术研究院院长，中国人民解放军国防科委副主任，全国政协副主席，中国科协主席、名誉主席等职。1957年补选为中国科学院院士（学部委员）。1994年当选为中国工程院院士。1999年获得"两弹一星"功勋奖章。被誉为"中国航天之父"和"火箭之王"。发表论文500余篇。

照苏联提供的第一批导弹图纸进行仿制之路。面对一堆图纸，除了钱学森外，其他人谁也没有见过真导弹，困难可想而知。钱学森没有退缩，他亲自编制课程大纲给大家讲授导弹概论。他讲课深入浅出，旁征博引，知识和科技含量很高，大家都爱听。他还发挥其他教授的专业特长，比如，请庄逢甘教授讲空气动力学，请梁守槃教授讲火箭发动机，请朱正教授讲制导，引导他的科研团队在学中干，在干中学。

正当中国的导弹事业从仿制开始刚刚起步，1960年8月13日，在国防部五院工作的苏联专家突然全部撤走，并带走了全部图纸、资料。还有一个严重情况，就在3个月前，苏联专家说中国的火箭特种燃料不合格，让我国购买苏联燃料。眼下是苏联燃料没运来，苏联专家却撤走了。面对如此困境，钱学森仍然不服输，他憋着一口气，带领中国的科技人员日夜攻关。就在苏联专家撤走不到1个月后，1960年9月10日，中国用国产燃料成功发射了第一枚近程弹道导弹。此后不到两个月，中国又用国产燃料成功发射了自己制造的第一枚导弹"东风一号"，并准确击中目标。在现场指挥发射的聂荣臻元帅高兴地说:"在祖国的地平线上,飞起了我国制造的第一枚导弹,这是我国军事装备史上一个重要的转折点!"

科学的大道从来就不是平坦的。1962年,我国新研制的一种导弹在发射试验时失败了。毫不气馁的钱学森带着大家分析原因,主要是发动机和控制系统出了问题。在总结教训时,他看到大家压力很大,尤其是一些年轻人都灰溜溜的,便鼓励大家不屈不挠,从挫折中奋起。他说:"如果说考虑不周的话,首先是我考虑不周,责任在我,不在你们。你们只管研究怎样改进结构和试验方法,大胆工作。你们所提的建议如果成功了,功劳是大家的;如果失败了,大家一起来总结教训,责任由我来承担。"一席话打消了大家的顾虑,鼓起了大家的干劲。在他的带领下,经过一番拼搏,新型导弹终于发射成功。

中国工程院院士 岑可法

认准路就走到底

浙江大学教授岑可法是著名能源环境工程专家、中国工程院院士。这位国家、省部级奖项多次获得者对科研创新颇有心得，他说："多年的实践经验，使我悟出了大凡能做出成绩的人，都有与众不同的素质和性格，'咬定青山不放松'是成功人士的特点之一。'认准了路，就要坚定地走下去'，这是我常说的话。"

岑可法本人正是如此。他终生从事煤的燃烧这一课题研究，给了那些见异思迁、浅尝辄止的人很好的教育。

岑可法很早就在思考：从世界范围看，凡是产油大国总是富得冒油，而产煤国家，却不见得个个都富裕。我国油的蕴藏量不多，据专家估计目前的发现，只能再用上几十年，而煤的蕴藏量可以用上七八百年。我国煤的年产量为14亿吨，占世界第一位，但我国煤产量的经济价值很低。这是为什么呢？产煤大国何时也像产油国一样富裕呢？

第五辑
勤奋·坚韧

院士小传

岑可法（1935—　），能源环境专家。1956年毕业于华中理工大学。1962年获苏联莫斯科国立鲍曼高等工学院技术科学副博士学位。曾任浙江大学机械与能源工程学院院长、教授，能源清洁利用国家重点实验室学术委员会主任，国家水煤浆工程技术研究中心所长等职。1995年当选为中国工程院院士。获国家自然科学奖二等奖、国家技术发明奖一等奖、何梁何利基金科学与技术进步奖。发表论文1500余篇，编写（译）教材及专著10多部。

他一直带着这个问题，经过30余年的努力探索，无数次的试验、计算、理论分析，完成一个个重大科研项目，终于发现了问题的真谛："关键在于煤的综合利用，要搞'多联产'，现在挖出来就烧掉了很可惜。而石油成为高品位的资源，不仅是因为它能作为燃料使用，更重要的是通过石油化工业的二次加工，能生产出品种繁多的工业用品及生活用品，其生产的价值远比煤炭高。"

基于这种思考，岑可法从20世纪70年代开始，就和同事们一起咬定"青山"尝试煤的综合利用，进行流化床燃烧提取五氧化二钒技术，以及灰渣作为建筑材料和水泥综合利用的研究，并取得了成功。稀有金属钒不仅能满足我国经济建设的需要，还出口为我国创造了大量外汇；灰渣的综合利用不仅解决了环境污染问题，还产生了巨大经济效益。这方面的成果获得了浙江省科技进步奖二等奖。

基于同样的思考，岑可法分析我国特别是浙江省石煤含量虽然丰富，却无法直接作为动力燃料燃烧。因为这种燃料热值低，而灰分却出奇地高，是国际上公认的难燃物质。多年来，许多人一直梦想着直接燃烧这种价廉质劣的燃料,并提取石煤中的稀有金属,但都失败了。为什么?岑可法坚信,既然是煤,就能燃烧,但必须抛弃传统的燃烧方式,放开思路,寻找新的炉型。咬定这一点,他和同事们经过辛勤努力,较早提出了沸腾炉燃烧技术和预热层燃搁管炉技术,使石煤得到充分燃烧并提取五氧化二钒,预热层燃炉技术在浙江省大面积推广,按当时价计算,税利超过1亿元。这项研究成果,获得了国家发明奖三等奖和四等奖、全国科学大会奖、浙江省科技进步奖一等奖和中国科学院重大科技成果二等奖。

中国工程院院士 宋鸿钊

独辟蹊径　百折不挠

著名医学家、中国工程院院士宋鸿钊，在全面根治妇女绒癌方面做出了突出贡献，患者死亡率由90%以上下降到20%以下，青年妇女单纯用药物治疗，不切除子宫治愈后仍能生育。由此，1985年以来，他先后获国家科技进步奖一等奖等近10项国家级奖励。

要问他取得成功的秘诀，他的回答是16个字："独辟蹊径，执着探索，坚定信念，百折不挠。"

20世纪50年代初期，我国在妇产科肿瘤的研究方面几乎是个空白。绒癌的发病率和死亡率都相当高。当时沿用国外传统的手术切除子宫的方法，效果不佳。在中国医学科学院协和医科大学和医院从事妇产科的教学和临床科研工作的宋鸿钊，对于病人的不断死亡深感痛心，决心攻克绒癌这一不治之症。

从1953年开始，宋鸿钊开始寻找药物治疗绒癌的方法。开始试用的是中草药紫草根，经过2年努力，虽有一定疗效，但疗

院士小传

宋鸿钊（1915—2000），医学家。江苏苏州人。1938年毕业于东吴大学生物专业。1943年毕业于北平协和医学院，获美国纽约州立大学医学博士学位。曾任中国医学科学院协和医科大学教授。先后当选为中华医学会全国妇产科学会主任委员，国际滋养细胞肿瘤学会的四届主席。1994年当选为中国工程院院士。获卫生部科技成果奖一等奖、全国优秀科技图书奖一等奖、国家科技进步一等奖等近10项国家级奖励。出版专著3部，发表论文百余篇。

效不能持久，初试失败了。

宋鸿钊决定进一步拓宽药物的治疗途径。开始试用的是一种仅用于治疗白血病的6-巯基嘌呤（6-MP），由于此种药物在临床上从未治疗过绒癌，于是按治疗白血病的小剂量、长疗程的方案试治，可是病人还没有完成一个疗程，就已死亡。是此药无效，还是剂量小了？经过认真分析后他决定进行病理解剖，解剖结果证明患者体内的肿瘤细胞均已全部死亡，这给了宋鸿钊一点希望，说明此药的疗效确切。但临床上为何不见治愈的效果呢？宋鸿钊认真思考，并仔细探讨此类疾病发展的每一个步骤，认为原因在于病情发展快，而用药量小、时间长，药物尚未奏效，绒癌即已迅速夺去了患者的生命。

宋鸿钊根据绒癌的病情特点，又大胆设想出加大化学药物剂量和缩短疗程的方案。抱着对患者高度负责的态度，逐步将药量加大，结果，当药量加大一倍，疗程缩短一半时，治疗出现了转机，成功治愈了国内第一例绒癌转移的患者。之后，他将化疗药物的剂量、用法调整到较合理的方位，使得临床效果更趋显著，并试用于治疗侵蚀性葡萄胎等妇科肿瘤，也取得了良好效果。

宋鸿钊没有满足，接下来又运用他自己所说的"分析—思考—实践—总结—再实践这一科学的思维方法"，重点解决两个问题：减轻化疗的毒副作用和保留年轻妇女的生育能力。其中解决头一个问题困难重重，为了一个患了败血症并发症的绒癌患者，他几乎十几个昼夜不休息，全力以赴组织抢救，终于使病人转危为安。而在化疗方案日趋完善和有效后，一些病人却又出现了耐药现象，即使加大药量效果也不明显。于是他又开始探索、寻找新的有效药物，在众多的化学药物中发现5-氟尿嘧啶（5-FU）与6-MP的作用机理相似，同属人体内的抗代谢药物，便立即开始做动物的药效试验，得到安全而有效的指标后，接着便用于临床。经过由静脉注射改为静脉缓慢滴注，并且逐步摸索剂量，终于在减轻毒副作用方面取得了良好效果。

20世纪50年代至80年代的30年间，宋鸿钊经手收治了绒癌和葡萄胎患者共1500余例，使绒癌病人的死亡率由以前的90%以上下降到20%以下；75%的病人已存活超过20年，经反复用现代医学方法检查，均未见有复发迹象，说明已经根除；其中87%的孕龄妇女得以生育，所生育的子女在遗传学上也未出现过任何异常。更重要的是，宋鸿钊在化学药物治疗恶性肿瘤史上，开创了根治的先例。

中国工程院院士 顾玉东

抓住失败这个难得"机遇"

把失败看作"机遇",抓住失败这个难得的"机遇"找出原因,推进科研,是上海市手外科研究所所长、中国工程院院士顾玉东的思维方式。

1966年2月13日,对于29岁的顾玉东来说是个值得珍藏的日子。这天,作为年轻医生的他有幸参加了世界第一例足趾移植全过程,经历22小时的艰苦奋斗,终于为一位失去拇指的工人移植了他的足趾,再造了他的拇指。此后到1980年2月,15年中,顾玉东和同事们共为100位失去手指的患者进行了足趾移植,其中93位成功,7位失败。93%的成功率,应当说是一项十分杰出的医学成就了,然而顾玉东却心存内疚。因为在他看来,对7位失败者来说,又是一个十分沉痛的损失。尤其是其中的两例,对他刺激很大。

一位19岁的花季女孩,在一次工伤中不幸被机器轧烂了拇

第五辑
勤奋·坚韧

院士小传

顾玉东（1937— ），手外科、显微外科专家。山东章丘人。1961年毕业于上海第一医学院。曾任上海市手外科研究所所长、教授，复旦大学教授、博士生导师，中华医学会副会长，卫生部手功能重建重点实验室主任等职。1994年当选为中国工程院院士。长期从事手外科、显微外科临床研究和理论工作，曾多次获国家科技进步奖二等奖，国家发明奖二等奖、三等奖。发表论文354篇。

指，从此失去了生活的乐趣。她千里迢迢来上海求医，顾玉东带领医疗人员为她进行足趾移植。可是，手术过程中发现她的足背动脉和进入第二趾（准备移植到拇指）的血管都非常细，不足1毫米。根据过去的经验，这样细的血管，术后风险很大，只有三分之一成功的希望。在手术过程中他把这种情况告诉了她和她的亲属，希望他们做出决定，是放弃手术，还是冒一次准备失败的风险。他们表示一切托付给医生。感受到患者亲属充分信任的顾玉东和同事继续精心手术，可是最终还是失败了。这位女孩不仅失去了拇指，这一次又失去了足趾。

一位失去4个手指的年轻工人，找顾玉东他们做双趾移植。手术中，顾玉东发现他的足背动脉和进入足趾的血管都很粗，手术过程很顺利。可是想不到的是，接通血管后，移植的足趾没有血供，用了各种方法都无济于事。手术后移植的足趾一天天变黑，最终这位年轻人不仅带着伤残的手，还带着伤残的脚，满脸痛苦，一步一跛地走出了医院。

两例失败的手术，使顾玉东感到痛心和耻辱，也使他陷入沉思。他没有按书本上总结的失败原因停止思索，也没有因为失败总占少数而停止追求。他反复问自己：血管细如何增粗？血管粗的为什么也会失败？带着这两个问题，他解剖了足趾的血管情况，又到尸体上反复实验，终于发现了足趾血管的变化规律。这就是，当足背血管较细时，足底血管一定较粗；足背血管若较粗，它在趾蹼部位通常会一分为二地进入大脚趾和第二趾，但也有足背血管虽粗但主要进入大脚趾，而很少进入第二趾的情形，这就是第二例失败的原因。

于是，针对各种血管变异的情形，顾玉东团队提出了两套血供的处理方法，也就是既为移植的足趾提供足背血管，同时又提供足底血管。这样，虽然手术时间长了，但手术成功的把握大了。在后来的300例足趾移植中，顾玉东团队应用两套供血系统，不论足背动脉如何变异，都获得了成功，使足趾移植手术的成功率居于国际领先地位。

对此，顾玉东深刻总结说："在医学实践中，应力争不败，因为失败的损失太大，不可挽回。但失败又是难免的，我们的做法是，抓住失败这个难得的'机遇'，认真总结教训，积极探索新知，不为理论教条所束缚，找出不能用常规解释的原因。力争不败，不怕失败，失败了抓住失败不放，不做常规失败原因的信徒，让每一次失败都成为前进一步的基石。"

中国科学院院士 王夔

把逆境化作机遇

充满乐观主义精神,"把逆境化作机遇"的思维方式,成就了无机化学家、中国科学院院士(学部委员)王夔。

王夔1949年从燕京大学毕业以后,继续在燕京大学读研究生,跟张滂先生学有机化学。但是,随后就是一连串运动,没有上正式的课,也没有做什么研究,学生们热衷于共振论批判。后来院系调整了,王夔服从分配到北京大学医预科教化学。

想不到北京大学与燕京大学的情况差不多。化学系都搬走了,不但人走了,有用的图书仪器药品也全搬走了,留下王夔他们几个人,多数是刚刚毕业的北京大学的学生,没有导师,没有研究课题,没有实验条件,怎么做研究呢?总不能荒废时光,王夔又想起他一直喜好和从事研究的有机试剂。于是,他和同事们从破破烂烂中搜索一些东西做实验,居然"白手起家",能够撑起个"帐篷"唱起戏来。就是在这样非常简陋的条件下,王夔和同事

像院士一样思考
——100位院士思维故事100例

院士小传

王夔（1928—　），无机化学家。天津市人。1949年毕业于燕京大学。曾任北京医学院药学系主任，北京大学药学院化学生物学系教授、博士生导师，国家自然科学基金委员会化学科学部主任等职。1991年当选为中国科学院院士（学部委员）。发表论文250多篇。先后获国家教委科技进步奖二等奖2项、三等奖1项，教育部科技进步奖一等奖1项，北京市科技进步奖二等奖1项，中国科学院科技进步奖二等奖和三等奖各1项。

们在《化学学报》上发表了不少论文，在《12年科技发展远景规划》中他们的研究课题也得到了支持。谁能想到，这个小小的很不起眼的研究组，竟成为我国有机试剂研究的生长点。

新中国成立后高校有过多次教学改革，虽然指导思想多变，但是贯彻"理论联系实际，基础联系临床"的原则始终不变。在这种大背景下，王夔放下原有的教学和科研，带着学生到附属医院参加医疗实践，在门诊和病房里"蹲点"学医，去农村大队"帮助"赤脚医生推行合作医疗。甚至被派去云南西双版纳当了一年医疗队员。在那样一段时间和那样一种情况下，由于方向不清，前途不明，不知道要干什么，也不会干什么，身处逆境，消沉、混日子是很容易的。但王夔没有那样，他利用这个机会，认真地向医生学习，跟他们一起看病人、查房，讨论怎么诊断怎么治病，结果，却成就了他新的科研专业——生物无机化学。因为生物无机化学研究有个特点，就是问题大都是从临床医学中来的，是从医学问题中抽出的化学问题，而且是在化学中也有意义、有深度的问题。搞无机化学研究，必须能够与医生对话，不但要听得懂，而且要听得出化学问题来，听出和总结出化学问题之后，还要去看医书。一般科班出身的化学专业的大学生和医生都没有这些本领，而王夔却是在本来不利的条件下学会了这些本领的。

正是由于王夔能够听得懂医生说的和医书上讲的，加上他原本又有扎实的化学功底，他才起到了化学家和医学家之间的桥梁作用，从而有力地推动了他的科研项目。

从20世纪80年代后，王夔主要研究病理、毒理和药理事件中的基本无机化学问题，并取得了可喜成果。其中开拓了细胞生物无机化学新研究领域，在此基础上对大骨节病、龋齿、重金属中毒、胆结石等疾病提出了分子机理。在无机药物化学方面，他研究顺铂类化合物与细胞的相互作用，发现DNA以外的靶分子，发现细胞应答的手性选择性，并在此基础上发现了几种新型抗癌配合物。

回顾走过的路，王夔总结说："**逆境也可以成为机遇。身处不利的环境，只要精神不倒，坚韧不拔，你就会把不利的环境变成有利的环境。**而且在这种特殊条件下学到的本领是不可多得的，往往是别人难以得到的。"

中国工程院院士 林华宝

身处逆境不气馁

中国空间技术研究院研究员、中国工程院院士林华宝,是我国卫星回收技术领域的开拓者和返回式卫星的技术带头人之一。他负责研制成功了我国第一个卫星回收系统,为我国成为世界上第三个掌握卫星回收技术的国家做出了重要贡献。他1988年任新型返回式卫星总设计师,连续发射和回收3颗卫星,达到了国际先进水平。

可是有谁会想到,取得这些重大科研成果的林华宝,却一度政治上受到巨大压力,被审查和批判,差点被打成"反革命""苏修特务"。

1971年8月,林华宝和同事们在西北空军某基地进行了一个批次空投试验,德高望重的王希季院士亲临指导。戈壁滩的夏季,太阳火辣辣的,沙漠表层的温度达50℃。试验进行得很艰苦,但是进展顺利。总共空投了8个架次,其中后4个架次是降落伞强

第五辑
勤奋·坚韧

院士小传

林华宝（1931—2003），空间返回技术专家。出生于上海，籍贯福建莆田。1956年毕业于苏联列宁格勒建筑工程学院。曾任七机部八院（现508所）副所长、研究员，五院科技委常委、返回式卫星总设计师、博士生导师，中国空间技术研究院研究员，航天科技集团公司科技委顾问、返回式卫星系列首席专家、返回式卫星工程总师等职。1997年当选为中国工程院院士。曾获国家科技进步奖特等奖2项、一等奖1项，获部级科技进步奖一等奖3项、二等奖2项。

度试验，逐次将开伞动压力提高，以试验伞衣的承载能力。然而，前面的试验一帆风顺，到了最后两个架次，伞衣被冲破，模型坠毁。按说，试验中出现失败是常有的事，可有人却揭发说，最后的两个架次是林华宝、王总他们故意搞破坏。

回到北京，一下火车，林华宝和王总两人就被请进学习班接受审查和批判。一些不实之词雪片般向他们飞来，他们有口难辩。当时，林华宝已经知道，自己将被撤去回收技术研究室主任之职，并且知道了接班人的人选。学习班持续了约一个月，结束时，基地送来了光测胶片。电影望远镜清晰地记录了各个架次的开伞全过程，清楚地说明那两次失败都是一个他们没有认识到的问题所致，不是故意破坏。林华宝和王总这才"死里逃生"。

不久，针对林华宝的大字报又铺天盖地而来。除了工作中的事情外，有人把他父亲、哥哥等社会关系公布于众，把他1963年收到的一封苏联同学（林华宝1956年毕业于苏联列宁格勒建筑工程学院）的来信（信中要林华宝给他寄人参）说成是向苏联寄出了一封信，把他在刚回国时讲的有关苏联的言论也搬了出来。有人说在南苑地区查获了一个苏修特务集团，要他老实交代。

那些日子，林华宝的心情忐忑不安，说不定什么时候就把他关进"牛棚"。一年后，事情总算弄清了。对林华宝的"揭发材料"纯属无中生有和无限上纲。当这批军管人员撤离时，那位曾主持批判过他的军管会副主任诚恳地向他道歉，并说："在我任职期间有一件深感遗憾的事，就是没有能够帮助你解决入党问题。"

在那些乌云密布的日子里，林华宝尽管有过紧张和不安，但最终他都能泰然处之，不管外面有什么风浪，他都专心致志，埋头工作，使得他所担负的科研任务有了重大突破。

1997年11月，林华宝当选为中国工程院院士后，去看望已离休的原院党委书记张浩，对张浩多年来工作上对自己的支持和帮助表示感谢。张浩说："老林，你这个同志不简单！有那么多人欺侮你、整你，你都挺过来了。""有人说当老实人要吃亏，你这个老实人还不错，结局还可以。"林华宝接上去说："的确，自1958年以来，每个时期总有个别有权势的人想把我整垮，给我的工作设置障碍。所幸每次党委都把问题搞清楚了，说了公道话。"

林华宝晚年，回顾自己的人生和科研道路，深有感触地写道："人生的道路不会总是一帆风顺的。工作上的挫折、对环境的不适应以及复杂的人际关系等，都可能使你不顺心、苦闷。但是，**不管在多么困难的境地中，都不能气馁、颓废，都要坚持工作，敢于拼搏。**"

中国工程院院士 张福泽

不畏逆境做贡献

空军某研究所研究员、中国工程院院士张福泽，是著名飞机结构寿命与可靠性专家。他在我国大机群飞机定寿领域中，不仅做出了开拓性贡献，而且在国内首创"系列飞机定寿法"，以此方法为指导，从技术上主持完成了我国各系列飞机定寿和延寿的重大系统工程研究课题，解决了新中国成立以来一直要解决而又没有解决的重大系统工程难题，产生了数千架飞机的经济价值，为我国大机群飞机定寿、延寿和飞行安全做出了历史性贡献。

可是，谁能想到，张福泽的这些重要贡献，竟是在他三次被迫改变工作岗位和所学专业，身处逆境的情况下完成的。用他自己的话说："我是在被动调遣中创业，在主动攀登中做贡献，因此，我每走一步，都要比常人多付出几倍的努力。"

第一次变动是1966年年底，组织上叫他改变所学的飞机设计专业去搞乌米格15飞机延寿课题。当时，他对飞机延寿问题

像院士一样思考
——100位院士思维故事100例

院士小传

张福泽（1936— ），飞机寿命与可靠性专家。辽宁鞍山人。1962年毕业于北京航空学院飞机设计专业。曾任空军首席专家、北京航空工程技术研究中心研究员。1995年当选为中国工程院院士。先后获全国科学大会奖，军队科技进步奖一等奖、二等奖各4项，国家技术发明奖四等奖1项，国家科技进步奖一等奖1项，何梁何利基金科学与技术进步奖。

一窍不通，况且这又是一个全所有名的老大难问题，已搞了多年，换了几批人，都没能搞出结果。叫他这个刚毕业不久的年轻人牵头搞这样大的课题，他感到十分为难。但是，想到国家和部队的急需，他还是决定放弃所学专业，接受这个课题。经过他们课题组10余年的苦干实干，最后不仅将乌米格15大机群飞机的寿命延长一倍，而且把米格15比斯大机群飞机的寿命也延长一倍，为国家创造出千余架飞机的使用价值。这个课题1978年获全国科学大会奖，他个人也立了功。

第二次变动是1980年，在他搞完乌米格15和米格15比斯两个大机群飞机延寿后，又接受一项全所重点课题——歼6飞机延寿课题并任课题组组长。课题在进行过程中，由于他抵制了本单位领导的一个错误决定，没过几天，他被调出课题组，"发配"到研究所以外工作5年，长期与外单位协作，编写《飞机强度与刚度规范》。难能可贵的是，他没有把这5年"发配"当作惩罚而消极怠工，相反，他当成中途"充电""加油"的过程，趁此机会系统地学习疲劳领域里的一些基本理论和进行一些前沿专题研究，并且在这个阶段取得了一些理论成果，为他今后开展寿命研究打下了理论基础。

第三次变动是1985年年初,在他刚刚完成写作编写任务,准备回研究所继续搞飞机延寿课题时,所里领导找他谈话,叫他到上级机关执行临时任务。到机关报到后才得知,这项任务是协助机关进行飞机寿命和可靠性管理,也就是做个"二助理"。对此,他开始想不通,不就是抵制过领导的一次错误决定,"发配"5年在外,还不够吗?现在又把"二助理"的跑腿活给我干,太不公平了!他真想不干了,回研究所评评理,但转念一想,这样会影响机关和研究所的关系,对全所今后开展工作不利,何况,自己不干,总要有人干,这也是工作需要。就这样,他又利用在机关工作的机会,通过参加《航空技术装备寿命与可靠性工作暂行规定》的制定,完成国防科工委给空军下达的国产歼8Ⅱ、歼7Ⅲ和歼教7三个在研机型的定寿和可靠性任务,使自己对产品寿命和可靠性研究的认识提高了一大步,对全局情况也更加有数了。他结合下部队调查研究,进一步充实和完善了自己的研究成果"系列飞机定寿法"。他的研究成果引起了机关的重视,为了把这个多领域、多学科、技术密集型的复杂系统工程项目搞好,1987年,空军成立了相应的办公室,由他任总工程师。在后来的10余年里,他终于取得了丰硕成果:以"系列飞机定寿法"为指导,仅用3个机型飞机定寿经费,就完成了上述几千架17个新老机型飞机的延寿定寿大型系统研究项目,这不仅保证了空军、海军飞行安全,而且由于飞机寿命延长近一倍,还产生了数千架飞机的经济价值。1995年年底,这个系统工程课题荣获国家科技进步奖一等奖。

"这说明,不畏逆境,在被动的局面下,通过主动工作,改变被动局面,也同样可以做出贡献。" 张福泽如是说。

中国科学院院士 李星学

以勤补拙成大才

要问著名古植物学家和地层学家、中国科学院南京地质古生物研究所学术委员会主任李星学的成才之路,他会意味深长地告诉你八个字:"以勤补拙,持之以恒。"

李星学自己承认,他天资平平。但能在学术上和科研上做出一些成绩,完全得益于他牢记着长辈的教诲:勤奋的人虽然不一定都成功,但成功的人没有一个是不勤奋的。他上学较晚,初中同班同学大多比他小两三岁,而成绩却大多在他之上。他知道主要是语文不如人,高中阶段,他决心追上去,遂利用寒暑假阅读了大量中外小说和古文,同时每天坚持写日记,经这样两年努力,大有长进。高中毕业后,他考大学名落孙山,一度颇为灰心。一位中学老师开导鼓励他:"胜败乃兵家常事,失败为成功之母。"他决心奋起复习,以备再考。他将自己的卧室称为"三三斋",定下严格的"三抓三不"条例以自律。闭门苦读三个月,他终于

第五辑
勤奋·坚韧

院士小传

李星学（1917—2010），古植物学和地层学家。湖南郴县（今郴州市苏仙区）人。1942年重庆大学地质系毕业。曾任中国科学院南京地质古生物研究所研究员兼古植物室主任、博士生导师、学术委员会主任。1980年当选为中国科学院院士（学部委员）。发表论文140多篇，多次获国家自然科学奖、中国科学院重大科技成果奖和科技进步奖。

考取了重庆大学。这次成功更增强了他的信心：勤奋确实是足以补拙的。

李星学还认识到，勤奋不能靠一时，要持之以恒才能收效。他知道搞古生物研究的人，外语懂得越多越有利。于是，尽管他在中学、大学英语有一定基础，但几十年来仍然坚持学习英语，不敢懈怠。新中国成立前后，他又利用夜校或短训班学些俄语，跟一位老师粗学德语。20世纪60年代初，他已年近半百，还坚持上完所里主办的法语班，并取得较好成绩。懂得多门外语，对他开展科研工作和国际交流都大有好处。

勤勉好学成为李星学的良好习惯，为他科研上出成果奠定了坚实基础。例如，古植物属种众多，中外文献繁杂，不可能都记得住，他便勤于动笔，尽可能多地做卡片，将许多重要属种的地质地理分布摘录，并随时加以补充，日积月累，其利无穷。20世纪50年代末，他之所以能在半年之内按期完成《中国晚古生代陆相地层》这部专著，除了因为自己多年的广泛野外地质考察外，还得益于这些读书资料的积累和平时对有关地层问题的不断思考。他写的这部专著涉及约500种文献，如果不是靠平时勤奋学习，是无论如何也"突击"不出来的。

以勤补拙成大才。1980年，李星学当选为中国科学院院士（学部委员）。他以多次荣获国家自然科学奖、中国科学院重大科技成果奖和科技进步奖的实际经历，生动地向人们诠释着"勤奋"二字的深刻内涵。

中国科学院院士 王大中

"跳起来摘果子"

假如一棵树上长满果子,似乎伸手可及,但又够不着,怎么办?中科院院士王大中会告诉你:"跳起来摘果子。"

"科研如登山,要在一切可能的路线中,选择一条最可行的路。要迅速而有效地找到这条路,就需要掌握一定的思维方法。'跳起来摘果子',这就是我的思维方法。"王大中如是说。

提起王大中,人们并不陌生。他是我国著名核反应堆工程与安全专家,1993年当选为中国科学院院士,2021年11月,获2020年度国家最高科学技术奖。在他身上,发生过若干"跳起来摘果子"的生动事例。

1981年,世界著名的核能研究基地——联邦德国于利希核研究中心来了一位黑头发、黄皮肤的中年人,他就是访问学者王大中。王大中选择的是一个叫作"模块式中小型高温气冷堆的设计和研究"的新课题,其意义重大,难度也很大。这里有个时代背景:

院士小传

王大中（1935— ），核反应堆工程与安全专家。河北昌黎人。1958年毕业于清华大学工程物理系。1981—1982年在联邦德国于利希核研究中心从事高温气冷堆研究，并在亚琛大学获自然科学博士学位；后又获香港大学名誉法学博士及名誉科学博士学位。曾任清华大学教授、博士生导师、校长，中国核学会副理事长，中国核动力学会副理事长，北京核学会理事长。1993年当选为中国科学院院士。著有专著1本，发表论文70余篇。获国家最高科学技术奖、何梁何利基金科学与技术进步奖、全国五一劳动奖章。

20世纪70年代末，美国三里岛核电站发生事故，人们对核辐射产生了严重的恐惧心理，这也使王大中意识到安全性是核能发展的生命线。尽管面临资料缺乏、经验不足等种种现实困难，但王大中决心知难而进，抓住本领域的前沿课题，向"模块式"高温堆这个代表了一种第二代核动力堆的新方向发起冲击。

当时，德国科学家提出了具有良好的安全特性的模块式高温气冷堆的概念，但堆功率最高只能达到20万千瓦。鱼与熊掌能否得兼？如何做到既保持模块堆的优异安全特性，又能提高单堆功率，成为改进模块式高温气冷堆的关键。王大中不畏艰难，开始做第一个方案：计算，设计，分析，比较；"第一跳"没有成功，推倒重来，再做第二个方案，也就是铆足劲"第二跳"。接着是第三个方案、第四个方案……他不断失败，不断从失败中站起来，蓄势冲击，连续"起跳"，历经100多个方案，这位不懈的年轻人最终取得成功。根据一次次研究积累的经验，王大中提出了双区球床堆的新概念——环形堆芯模块式高温气冷堆，使得具备固有安全性的模块式高温堆的设计功率，从20万千瓦一下子提高到50万千瓦。他设计发明的"一种在严重事故下具有安全稳定性的球床核反应堆",很快获得联邦德国专利局的批准,并且随后获得美国和日本的专利。

"跳起来摘果子",一定要防止盲目性。王大中认为,"**搞科研与做任何事情一样,一定要掌握好'度'。伸手就能摘得到的果子,早就让人摘走了;跳起来也摘不到的果子,只能烂在树上。而'跳起来摘得着',是一个适当的高标准。搞科研总要想方设法使自己跳得高一些,再高一些。达到了一个高度,又瞄着新的高度。**这种'跳起来摘果子'的思维方法能把大胆创新与科学求实精神结合起来"。

1985年,王大中在主持领导清华大学5兆瓦低温核供热堆设计研究之时,经过慎重考虑,决定采用具备固有安全性的"一体化自然循环壳式供热堆"方案。同时又决定,5兆瓦供热堆采用比当时世界上的反应堆控制棒传动系统更安全、更经济的新型水利驱动控制棒。这是一种新的堆型和一种新的控制系统。为了攻克这一技术难关,摘到这个"果子",王大中决心走创新与求实相结合的路子。他给出的思路是:创新体现在采用国际上新一代核动力堆的技术安全设计思想和前沿技术,求实则体现在抓住关键技术难点予以突破,强调"通过多次分步实验,允许局部失败,争取总体一次成功"。其间,他们在研制过程中多次失败,多次"跳起来"而没有摘到"果子",但不灰心,不气馁,认为"白跳"也是积累经验教训的过程。经过十几次重大的方案改进,他们先后攻克了13项关键技术难关,终于使5兆瓦低温核供热堆在三年半时间内成功建成。

对于王大中所带团队取得的科技成果,世界著名核能专家弗莱厄博士来电祝贺,其中有这样高度评价的句子:"这不仅在世界核供热反应堆的发展方面是一个重要的里程碑,同时对解决环境污染问题也是一个重要的里程碑。"

中国科学院院士 程裕淇

"程氏数字"

著名地质学家、1955年被选聘为中国科学院院士（学部委员）的程裕淇，一生活了90岁。他1933年21岁毕业于清华大学地学系，到2002年去世，从事地质工作的60多年间创造和积累了一系列感人至深的数字。

这些数字，不妨名之为"程氏数字"。透过这些数字，会使人看到一名科学家是如何含辛茹苦地艰难跋涉和勤奋攀登的。这些数字其实是一串发人深思的脚印：

他的足迹遍及包括台湾省在内的我国34个省、市、自治区和特别行政区，并先后去过近20个国家做野外地质考察和业务交流。他80多岁时，仍坚持每年利用一段时间去野外工作。

1933年，他独自去湖南茶陵潞水盆地调查铁矿，为了确定含铁地层的时代而紧张工作，终于在傍晚的微光中找到一个三叶虫尾部化石，后经专家鉴定为新种，定名为"程氏砑头虫"。

第五辑
勤奋·坚韧

院士小传

程裕淇（1912—2002），地质学家。浙江嘉善人。1933年毕业于清华大学地学系。1938年获英国利物浦大学博士学位。曾任中国地质科学院研究员，原地质矿产部副部长、总工程师、中国科学院地质研究所首任副所长。连续三届担任全国政协党委，积极推动我国《矿产资源法》的立法和实施。1955年当选为中国科学院院士（学部委员）。获全国科学大会奖2项、国家自然科学奖一等奖、何梁何利基金科学与技术进步奖。

1936年，他在苏格兰填图时，沿着一层原岩成分稳定的变质泥岩走向仔细追索，在70米距离内发现了遭受钠质交代作用后产生的矿物含量、成分、结构、构造递变而形成的一种混合岩。关于这一尚无先例发现的论文发表后，引起了国际学术界的重视。

1939年至1941年，他曾两次带队去荒凉的西康高原（今川西）工作，以野外实际资料为基础撰写的《西康丹巴附近的渐进区域变质带》一文，首次报道了中国发育较完善的区域变质带，并将"等化学系"原理从黏土质原岩推广应用到中、酸性火山沉积岩系的变质带研究中。

1950年至1951年，他率队到鞍山、本溪铁矿区工作。在弓长岭的5个月内完成了不同比例尺的矿区地质填图，还绘制了日伪时期从未做过的全部坑道地质图，提交了2万多字有关我国最大的弓长岭富铁矿的详细地质报告，指出了进一步寻找和扩大富铁矿的地段，其所建立的弓长岭二矿区变质地层剖面和28条勘探线，50年后仍为矿山所沿用。

1952年，他率队到湖北大冶铁山等铁矿区开创了大规模勘探工作，使这个百年老矿重新焕发青春，在矿区周围发现了不少新矿，成为今日"武钢"的重要铁矿石基地。

1953年至1957年，他先后赴内蒙古、山东、河北、四川、陕西、广东、海南、黑龙江等省指导铁矿调查研究工作，为国家培养了一批铁矿勘查和研究人才。他还先后4次领导并参加了对全国铁矿类型的研究总结，指出了不同类型铁矿的找矿方向、主要对象和勘查战略。

……

他说："**一个地质工作者是否重视野外实践，不能简单地归结为方法问题，而应视为其敬业精神高低的衡量标尺**。只有尊重客观事实，掌握丰富而扎实的第一手材料，才能有所发现并获得新认识。那种在野外考察蜻蜓点水、室内测试多多益善、理论总结洋洋大观的地质科研作风，是不可取的。"还说："**尊重实践，才会言之有物；广见博识，方能举一反三。**"

中国科学院院士 叶大年

"读字当头"与"干字当头"

著名矿物学家、中国科学院院士（学部委员）叶大年，把科研工作的思路和程序概括为两种："读字当头"和"干字当头"。所谓"读字当头"，就是选题—查阅文献—确定研究方案—观察和实验—分析、归纳与论证—写论文的六阶段模式。所谓"干字当头"，就是选题—确定研究方案—观察和实验—查阅文献—修改研究方案，改进实验和观察—分析、归纳和论证—写论文的七阶段模式。

叶大年认为，"读字当头"是有弊端的，尤其对年轻人而言，在浩如烟海的文献堆里打转转，初生牛犊不畏虎的锐气就会丧失，这个不能干，那个别人干过了，很快就会怀疑自己的选题不对，或者怀疑自己没有解决问题的能力。而"干字当头"，边干边学，一般来说总会发现自己的工作有可取之处，常常是越干越有劲。

叶大年所遵循的，正是"干字当头"。

颗粒的随机堆积是材料科学、沉积学和水文工程建设中的一

像院士一样思考
——100位院士思维故事100例

院士小传

叶大年（1939— ），矿物学家。出生于香港，籍贯广东鹤山。1962年毕业于北京地质学院岩矿专业。1966年中国科学院地质研究所研究生毕业。曾任中国科学院地质研究所研究员，北京大学地球与空间科学学院教授。1991年当选为中国科学院院士（学部委员）。发表论文170余篇。获全国科学大会奖、中国科学院自然科学奖二等奖、国家科技进步奖三等奖。

个基本问题，研究这个问题已有100多年的历史，如果是"读字当头"，恐怕读上一年半载也找不到科研切入点。叶大年不是这样，而是首先亲自动手做实验，边实验边看书，肯定了自己有新发现，从而一追到底，终于在这个经典问题的研究上有所作为，连续发表了十几篇论文。在此基础上向纵深发展，扩大战果，最终发现了地球各圈层氧离子平均体积守恒定律。他从直觉出发，认为在常温常压下分子体积应该有可加和性，于是收集大量的数据来论证这个命题；与此同时看文献，知道70多年前就有人提出过猜想，但缺乏论证，从而肯定了自己的成果。后来，叶大年总结说："倘若'读字当头'，定会感叹'既生瑜，何生亮'，便会就此罢手，一无所获。"

叶大年科研上建树良多。他开拓了结构光性矿物学的新领域，著有《结构光性矿物学》，提出了几十条定理和定性的规律；结合矿物材料科学，在中国首先开展了玄武岩岩浆在不平衡条件下结晶作用的研究，发现了假高压效应；解决了长石、辉石、石榴石等主要造岩矿物的X射线鉴定难题，撰写了专著，推动了岩石学研究，等等。所有这些，都是他"干字当头"结出的硕果。为此，他常常开导学生们，要记住拿破仑的名言："先投入战斗，而后见分晓。"

中国工程院院士 吴祖垲

机遇在哪里

机遇在哪里？谁能找到机遇？著名真空电子技术专家、中国工程院院士吴祖垲有一句名言："科学确有机遇的问题，但机遇不等人，只有夜以继日工作的人，才能找到机遇。"

吴祖垲常讲，阿基米德以前，不知多少人在浴盆中洗过澡，而直到阿基米德才发现了"阿基米德定律"；同样，在牛顿以前，不知有多少人见过苹果落地，而一直到牛顿才发现了"万有引力定律"。原因很简单，阿基米德夜以继日思考的是如何才能不打破皇冠而得知其含金量，牛顿由于专心致志地观察天体的运动，从苹果落地的机遇中得到启发，从而有所发现。

吴祖垲从阿基米德和牛顿身上受到启发，自己注意从夜以继日的工作、思考中抓住机遇。他主持试制成功了我国第一只日光灯、第一只黑白显像管、第一只彩色显像管，中间并非一帆风顺，试制过程中遇到的难题，都是靠他在刻苦钻研和深入思考中

院士小传

吴祖垲(1914—2014),真空电子技术专家。浙江嘉兴人。1937年毕业于上海交通大学电机工程学院。1946年获美国密歇根大学硕士学位。曾任南京741厂、成都773厂、咸阳4400厂总工程师,陕西省人民政府特约技术顾问,深圳赛格日立公司高级顾问,西安交通大学兼职教授等职。被誉为"中国电子束管之父""中国荧光灯之父"。1995年当选为中国工程院院士。出版专著2部,发表论文40余篇。1996年获中国工程院首届工程科技奖。

解决的。他担任高级顾问的深圳赛格日立公司在批量生产黑白显像管时,发现荧光屏中央发光偏黄的问题,长时间得不到解决。原来黑白管用的荧光粉是和$ZnS:Ag+(ZnCd)S:Ag$混合的。一次,他在观察涂屏工段荧光粉沉淀时,发现有大颗粒荧光粉很快沉淀下去了,这些大颗粒主要是$(ZnCd)S:Ag$,它发黄色光。于是他提出将$(ZnCd)S:Ag$先用水筛选,将大颗粒除去,结果问题就初步解决了。原因找到后,他向荧光粉制造厂提出荧光粉的颗粒要有粒度中心值和粒度分布,结果问题就彻底解决了。

每次出国,在吴祖垲的头脑中总带着一大串需要解决的问题,考察中特别注意设法抓住机遇。

比如,在美国RCA的Marion工厂参观时他看到一袋ZnO,是DuPond公司的产品,外袋上标明$Pb<2.0ppm$,受此启发,回国后他解决了荧光粉原材料技术标准问题。

又如,他在南京741厂接受北京某研究所某种型号的光电倍增管生产任务,由于成品率不到5%,简直无法生产。1957年,他去苏联莫斯科灯泡厂的33号车间参观,偶然发现他们正在生产此类光电倍增管,他就到排气台去观察光电倍增管的光电阴极面的激活工艺。他恍然大悟：第一，他们的光电阴极面锑的厚度是控制的；第二，蒸铯时光电流控制到极大值就停止了；第三，光电阴极面氧化时，用毛细管阀门控制，光电流到极大值时停止氧化；第四，他问他们的锑的纯度，发现是经过3次电解的。回国时他带回一些经过3次电解的锑的材料和毛细管玻璃阀门，经过研究，他们使这种光电倍增管成品率提高到90%以上，而且质量符合要求。

再如，他们在试制彩色显像管时，国内已有成都、上海、北京、南京几个地方正在试制，遇到的共同问题是高压打火。他1973年去美国RCA公司考察时，发现中国自己采取的措施和外国差不多，只是不够完善，特别是注意到电子枪金属零件去毛刺的工艺，他们用特殊硬质磨料将金属零件在滚筒中球磨，而这种硬质磨料我们从未见到过。还有黑白显像管有机膜的问题，我国长期没有解决，他在与RCA公司的谈话中受到启发，原来他们是用了Phom & Hass公司生产的聚甲基丙烯酸异丁酯。他回国后立即设法要上海珊瑚化工厂试制，探索了制作工艺，解决了铝化技术，使显像管的亮度提高60%，离子斑也消失了。这一技术后来推广全国使用。

有人羡慕吴祖垲总能碰上机遇，不断有新产品开发出来。殊不知，机遇就存在于他的勤奋工作之中。

中国科学院院士 王梓坤

"积累与突击相结合"

著名数学家、中国科学院院士（学部委员）王梓坤教授有一个独特的治学方法，他自己称之为"积累与突击相结合"。

王梓坤的所谓积累，就是平时大范围的刻苦学习。他从小爱好广泛，酷爱读书。自从1948年考上武汉大学数学系之后，便把原先的一些爱好，如英语、文学、弹琴、下棋等，统统淡化，脑海中只剩下数学一片绿洲。但晚上10点以后，他还得回到文史哲的海洋中，休整游览。1955年至1958年，他到苏联莫斯科大学做研究生，专攻概率论，即便如此，他也始终没有放弃广泛读书的老习惯。

王梓坤喜欢读书，也喜欢做读书笔记，随手记下自认为有意义的东西，包括自己的心得体会。这样日积月累，居然记了几十本。他的读书和读书笔记，大致分为三大类。一是数学，他的主业，包括新发表的论文提要，或者新书中的精华部分。二是文史

第五辑
勤奋·坚韧

院士小传

王梓坤（1929— ），数学家。出生于湖南零陵，籍贯江西吉安。1952年毕业于武汉大学数学系。1958年在苏联莫斯科大学数学力学系研究生毕业，获副博士学位。曾任南开大学教授，北京师范大学校长、教授，汕头大学数学研究所所长。1991年当选为中国科学院院士（学部委员）。获全国科学大会奖、全国新长征优秀科普作品奖、全国自然科学奖。

哲及报刊文萃，包括诗词佳句、名人逸事、哲学观点、学者论学等。三是科学方法及科普新知识。他闲时翻翻笔记，有怡然自得之乐。

"文革"中，王梓坤对无休止的运动甚为反感，心思用到了他浩大的读书笔记上。他利用这些笔记，加上自己的观点，厚积而薄发，集中突击数月，写成一本小册子《科学发现纵横谈》，这本科普著作出版后影响甚大，读者远比读他的数学著作的多得多。

谈到自己的治学方法，王梓坤说："这种积累与突击相结合的治学方法，许多人都用过。爱因斯坦创建相对论、巴尔扎克写小说、梁启超发表学术著作，都得力于这种方法。"

中国科学院院士 田在艺

坚持"两个不间断"

在我国,有这样一位中国科学院院士,他在石油地质学、构造地质学、沉积学、陆相生油、油气藏地质等方面取得丰硕研究成果,充实了我国石油地质理论,发现了多处油田。由于他在发现大庆油田工作中的突出贡献,1982年获国家自然科学奖一等奖。由于他出色地组织和领导了全国油气资源评价,1989年获国家科技进步奖一等奖。

他,就是曾任石油工业部北京石油勘探开发科学研究院副院长兼总地质师的田在艺。

田在艺1945年从中央大学地质系毕业后,来到祖国大西北戈壁滩上的玉门油矿工作,此后将毕生精力和聪明才智献给了祖国的石油事业。晚年他总结自己从事石油地质工作50多年的生涯,认为"两个不间断"是其根本经验。

田在艺所说的第一个不间断是"生产实践不间断"。他说他

第五辑
勤奋·坚韧

院士小传

田在艺（1919—2015），石油地质学家。陕西渭南人。1945年毕业于中央大学（今南京大学）地质系。先后在甘肃、陕西、青海、宁夏、新疆、大庆、大港、江汉、吉林等地从事石油勘探开发和研究工作。曾任石油工业部北京石油勘探开发科学研究院副院长兼总地质师，博士生导师，南京大学、西北大学和长春地质学院兼职教授。1997年当选为中国科学院院士。出版专著2部，发表论文124篇。曾获国家自然科学奖一等奖、国家科技进步奖一等奖。

"认"实践出真知这个"理"，他认为，**"生产实践是自然科学产生和发展的主要源泉"**，"石油地质学是一门探索性、长期性、复杂性、区域性、实践性、综合性较强的应用科学。**没有实践，石油地质科学便成了无源之水、无本之木**"。基于这个认识，他60岁以前，长期处在石油勘探第一线，从事生产实践的策划、组织、管理和研究工作，从而获得了找油找气的丰富的第一手资料，积累了一定的实践经验，并具体地体验和掌握了中国石油地质的特色。1980年他61岁，调到北京石油勘探开发科学研究院任副院长兼总地质师期间，仍经常到各油田去考察、调研，坚持了科研实践活动。

田在艺所说的第二个不间断是"理性思维不间断"。他认为，**"在实践的基础上，通过归纳、演绎、分析、综合上升成理性认识，才能揭示石油地质科学的客观规律"**。他自1948年在《石油地质专刊》上发表第一篇论文以来，先后发表各种论文90余篇，总结了我国陆相含油气沉积盆地的找油经验，从理论上探讨了油气田形成的基本地质规律。在20世纪50年代后期，他完善和发展了陆相生油理论和陆相盆地成油理论，科学地驳斥了陆相贫油论，为中国陆相找油提供了理论依据。60年代初，他研究松辽盆地，提出生（油层）、储（油层）、盖（油层）、运（移）、圈（闭）、保（存）成油地质规律，为含油气盆地理论的建立奠定了基础。七八十年代，他研究中国区域构造，将盆地划分为东部裂谷型、西部挤压型、中部坳陷型，同时提出油气藏类型分类及分布规律等，指导了油气的勘探开发。八九十年代，他研究油区岩相古地理，推动了沉积学发展，指导了海相、陆相油气勘探。90年代，他全面系统分析论述了中国含油气盆地及盆地分析的方法和原理，首次成功地将成油气系统引入含油气盆地分析，提出沉积盆地控制油气生成与赋存的9个大因素和含油气盆地分析的10项内容，并对我国主要含油气盆地进行了实例剖析，进一步发展了含油气盆地地质学。

"两个不间断"如同两只强健的翅膀，上下扇动，使田在艺在石油地质领域的科研中如愿腾飞。

中国工程院院士 姜文汉

谨防知识老化

著名光电技术专家、中国工程院院士姜文汉,对更新知识、防止知识老化有很深的认识。他说:"一个人如果墨守已经掌握的知识,而不去更新和充实自己,已有的知识就会迅速地老化,跟不上科技发展的步伐。一个人如果搞通一项技术几年之久,没有新东西来充实,这些技术肯定是落后的,也就失去了竞争能力。"

姜文汉由于认识得深刻,行动上也就格外自觉。即使在改革开放之前,在闭塞的山沟里,他也坚持阅读所能得到的新科技期刊,以保持自己的科技敏感性。1977年3月,美国光学学会会刊以专集形式刊登了一批自适应光学的文章,这是国外第一次报道这一新技术。姜文汉当时就感到这是一个十分重要的光学工程新方向,可以解决几百年来光学界一直无能为力的动态干扰问题。正好当时科学院制订发展规划,他就提出这一方向并列入规划。当时有人持怀疑态度,认为难度大,我们不可能搞,也担心用途

像院士一样思考
——100位院士思维故事100例

院士小传

姜文汉（1936— ），光电技术专家。浙江平湖人。1958年毕业于哈尔滨工业大学。曾任中国科学院光电技术研究所学术委员会主任、研究员，国家"863计划"大气光学重点实验室副主任。1995年当选为中国工程院院士。发表论文150余篇。获国家科技进步奖特等奖1项、二等奖2项、三等奖1项，中国科学院科技进步奖特等奖1项、一等奖7项，何梁何利基金科学与技术进步奖。

有限。姜文汉分析了这一技术的特点，认为尽管有许多技术难点，但是本质上是光学和自动控制的结合，是把控制作用引入光学系统内部去控制光学波前，而我们在光学工程和自动控制方面都有一定基础，只要下决心去攻克我们还没有掌握的几个难点，没有克服不了的困难。最终，科学院采纳了姜文汉的建议，把它列入重点课题。

随后，姜文汉把科学院支持的有限经费，精打细算，自己动手建立起自适应光学的基本技术。与此同时，他们积极开拓应用。很快，第一个用户——上海光电技术研究所找上门来，该所正在建立"神光"激光核聚变装置，他们建议用科学院的自适应光学来校正庞大激光系统的制造误差。结果，1985年，自适应光学系统成功地校正了"神光"装置的静态误差，使激光能量集中度提高了3倍，成为国际上激光核聚变装置中最先使用自适应光学系统的装置，领先美国8年。美国人承认，这一技术是中国人最先搞的。

经过几年努力，姜文汉他们打下了自适应光学技术基础，1986年"863计划"启动时，这一技术成为"863计划"三个主题都要用的一项重要技术。他们先后研制了多套系统用于高分辨率天文成像等，而且始终保持着国际先进的地位。

如果不是姜文汉不断进行知识更新，防止知识老化，这一切都是不可想象的。当然，不断学习和反复实践，是要付出相当的时间、体力和精力的，也要影响休息和娱乐。有人问他：你没日没夜地干，累不累？对此，他有这样一番精彩的回答：

"其实工作中遇到问题，带着问题去钻研，真正进入了角色，是其乐无穷的，常常有一种欲罢不能的感觉。有时甚至在梦里还会想问题，一个问题一直解决不了，一直在苦苦思索，有时早晨醒来突然会出现一个新思路，一下子豁然开朗。这只有在十分投入、充分进入角色时才可能出现。经过反复探索，甚至多次失败后终于解决一个问题所带来的喜悦心情是不可言传的。我常常对年轻人讲，如果想在科学上有所成就，就必须进入这种境界。如果有人认为工作是为别人干的，某一天因为偷了点懒或是找借口多休息半天而沾沾自喜，这种人是没有出息的，在科学领域也不会有什么前途。"

中国工程院院士 冯叔瑜

名堂在现场

工程爆破,充满了神奇的魅力。随着一声令下,峡谷两侧山岭的几十万方,乃至数百万方的岩石,腾空而起,按照指定的方向和距离抛向谷地,瞬间形成了一座数十米乃至上百米的拦河大坝,这就是定向爆破筑坝。

你可知道,将这一技术运用得出神入化的,是著名爆破工程专家、中国工程院院士冯叔瑜。

冯叔瑜担任铁道部科学研究院博士生导师、中国铁道工程学会爆破专业委员会主任,他特别重视深入现场。他认为,名堂离不开现场,发现问题在现场,解决问题也在现场。他经常对学生们讲:"搞爆破不走出办公室,不到爆破现场,是搞不出名堂的。"

冯叔瑜取得的一系列重大成果,从三峡 18 座定向爆破筑坝到广州黄埔港航道疏浚水下爆破,从海南岛橡胶种植园爆炸伐树和开挖植树坑到青藏高原进行高原冻土筑路爆破开挖,都是

第五辑
勤奋·坚韧

院士小传

冯叔瑜（1924—　），爆破工程专家。四川邻水人。1948年毕业于上海交通大学土木工程系。1951年赴苏联列宁格勒铁道运输工程学院学习铁道建筑专业，获技术科学副博士学位。1955年回国。曾任铁道部科学研究院研究员、博士生导师，中国铁道工程学会爆破专业委员会主任，中国力学学会工程爆破专业委员会主任，中国民爆器材学会理事等职。1995年当选为中国工程院院士。获全国科学大会奖，国家科学技术进步奖特等奖、二等奖。

他深入现场，深入一线调查研究，摸索事物客观规律而得到的回报。

20世纪60年代初，不少人对大爆破开挖路堑存在疑问，主要是担心路堑边坡的稳定性。为此，冯叔瑜在1962年至1964年，率领由铁道部组织的来自全国科研院校、施工和设计单位的40余人，对10条铁路新线的大爆破边坡进行了160多处现场调查和分析研究，积累的原始调查记录和资料达数公斤重，提出了详尽的大爆破边坡调查报告，分析总结了正反两方面的经验教训，回答了一些同志的疑虑。冯叔瑜认为，地质条件对爆破效果的影响和爆破作用所引起的工程地质问题是互为因果的两个方面，前者是研究在各种地质条件下可能对爆破效果产生的直接影响；后者则是研究爆破作用下工程地质方面可能发生的后果问题，从而为建立爆破工程地质学奠定了基础，同时推动了爆破技术的进一步发展。

40多年来，冯叔瑜每年几乎有一半的时间奔波在崇山峻岭、戈壁沙漠、黄土高原、中原大地、南海诸岛、东南沿海，大凡新中国成立以来主要的新建和旧线改造的铁路线，他都认真考察过。他的足迹遍布全国。

关注和亲历现场，使冯叔瑜干出了名堂。他所创造的土石方大爆破、定向爆破筑坝和深孔爆破石方机械化施工等，均获1978年全国科学大会奖。他所创造的建筑物拆除控制爆破，获国家科技进步奖。他倾注满腔心血参加"七七工程"，该工程获国家科技进步奖二等奖。

中国工程院院士 胡壮麒

"午睡账"

一个人一生免不了要算各式各样的账,也免不了有自己的"小九九"。著名金属材料专家、中国工程院院士胡壮麒却有一笔账与众不同,这就是他的"午睡账"。

他是这样记账的:

"一个人的历史是自己写的,不能平平庸庸地度过,要有一种精神,即献身精神,有了这种精神,什么困难都能克服。对新的知识不懂那就虚心学习,求教于国内外同行,甚至求教于你的学生。因为一个人不可能什么都懂,虚心使人进步。时间不够怎么办?那就挤时间,我这几十年几乎没有睡午觉的习惯,因为我没有这个福。时间像海绵中的水,一挤就出水;每天中午我挤出1小时去工作,一年365天,就多干了365小时,按一天工作8小时计,等于多干了45天,等于我的寿命无形中增加了45天。"

胡壮麒惜时如金,算什么账都耐人寻味。他非常注重看外国

像院士一样思考
——100位院士思维故事100例

院士小传

胡壮麒（1929—2016），金属材料专家。上海市人。1952年毕业于上海沪江大学。曾任中国科学院金属研究所研究员、博士生导师，大连交通大学材料科学与工程学院特聘教授。1995年当选为中国工程院院士。出版专著4部、译著5部，发表论文366篇，申请专利14项。获国家科学技术进步奖一等奖1项、二等奖2项，中国科学院科技进步奖一、二、三等奖，何梁何利基金科学与技术进步奖。

文献，因此对外语尤其是英语十分重视。他曾向学生做比喻，如果我的英语水平比你高，我看一篇英文文献只要1小时，而你却要花5小时，这就等于我掌握知识信息的速度是你的5倍。为了具有世界眼光，他的英语知识是在中学过关的，大学毕业分配到中国科学院金属研究所后，他又参加了俄语速成班，脱产学习3个星期就初步掌握了俄文，达到了借助字典翻译俄文专业文章的程度。为了巩固知识，他立刻翻译了两部俄文专业书，最后都由科学出版社出版了。

胡壮麒年逾70岁，仍坚持学习。他把审查博士论文，参加国内外学术会议或成果鉴定会，参观访问，修改英文版专业杂志、文章等活动，都当作学习的好机会。他说："学无止境，要不断学习新的知识充实自己，才能跟上世界发展的潮流。"

中国科学院院士 沈学础

终生坚守的基本信念

中国科学院院士、著名物理学家沈学础在科研上有两个基本信念，一个是创新从脚踏实地起步，另一个是成功靠艰辛劳动获得。

关于第一个基本信念，沈学础自己是这样解释的："我认定，任何一项基础的物理学研究工作，不论是新课题的开设和研究，或是新的研究装备的建设，以及科学方法研究，都既要站得高、看得远，有科学创新，又要脚踏实地，从最简单、最基本的事做起，并将这一认识贯彻始终。因为只有前者才使我们可能有所创造、有所发展，才叫科技进步；只有脚踏实地地从最基本的事做起，科研计划、项目才有实现的可能。"

关于第二个基本信念，沈学础自己是这样解释的："我的另一基本信念是最新的、最高超的科学成就，往往是在当时不完备的实验条件和研究条件下，依靠科学家的智慧创造和艰苦卓绝的

院士小传

沈学础（1938—　），物理学家。江苏溧阳人。1958年复旦大学物理系毕业后，入中国科学院上海技术物理研究所工作。曾任上海技术物理研究所红外物理研究室主任，中国科学院红外物理开放实验室、国家重点实验室主任。1995年当选为中国科学院院士。先后3次获国家自然科学奖和多次获中国科学院自然科学奖一等奖等。

劳动取得的。**许多时候，用比较简单的，有时似乎是原始的实验方法、理论方法获得的结果和见解，才是真正的物理学**。科学原理、规律总是简洁明了的，不需要现代商场中的那种包装！"

基于上述两个信念，作为中国科学院上海技术物理研究所红外物理研究室主任的沈学础在研究内容方面，选择了半导体量子阱及相关低维结构光谱、超纯固体中微量杂质的光谱和固体中微观状态杂化的光谱研究等近代凝聚态光谱前沿课题；并要求自己、学生和同事们用尽可能简单、朴实，有时初看起来近乎原始，但在科学思想上恰是高超的实验方法，获取尽可能高水平的结果。有时为获得一个数据，他们不得不对实验方法进行长期的琢磨、改进，并实施连续一个星期不间断的重复测量。在实验室建设方面，他们不是简单地购买仪器装置，而是坚持按照研究课题的学术思想，建设以至创造新型的实验研究系统。经过几年的努力，他们建立起了红外磁光光谱、红外发光光谱等国内独一无二、可以媲美国际的几种固体光谱综合实验系统和装置，并在实验研究方法上创新性地提出和实现了几种新的共振光谱和调制光谱方法。

沈学础终生坚守两个基本信念，得到了丰厚回报。他负责的研究室撰写了成百篇受到国内外同行广泛认同的学术论文，获得多项国家奖励，包括 2 次国家自然科学奖和 2 次中国科学院自然科学奖一等奖。他带领的团队还受到国际学术组织的邀请，多次在不同的国际会议上做特邀报告和主题报告。他负责的实验室 3 次被国内同行评为 A 类实验室。

中国两院院士 宋健

苦学成就事业

1991年当选为中国科学院院士（学部委员），后曾担任全国政协副主席、中国工程院院长的宋健，从小身上就洋溢着一股令人钦佩的苦学精神。如果不是一生都保持着勤奋刻苦学习的习惯，他不会取得事业上的非凡成就。

宋健出生在山东荣成一个穷乡僻壤的农村，在兵荒马乱中读完了小学。1945年，14岁的宋健成了八路军东海军分区的护士，次年成了八路军的一名勤务兵。他平时酷爱读书，值勤之余，他读遍了当时威海图书馆的藏书。后来，他有机会到一个干部学校学习，时间、精力有了保障，设置的课程新鲜有趣，身边又有教师，他充分体验到了读书的幸福。多年之后，他曾这样描述过当时的心情："我们从数、理、化学起，第一堂课便激起我无尽兴致。读似饥餐渴饮，听嫌课节太短，课后余音袅袅，如醉如痴，不能自已。"

第五辑
勤奋·坚韧

院士小传

宋健（1931—　），控制论专家。山东荣成人。1958年在苏联莫斯科国立鲍曼高等工学院获工程师学位。1960年在莫斯科大学力学数学系毕业，同年在鲍曼高等工学院研究生毕业，获副博士学位，后又获科学博士学位。曾任国务委员、国家科委主任、全国政协副主席、中国工程院院长。1991年当选为中国科学院院士（学部委员）。1994年当选为中国工程院院士。发表论文160余篇，出版科技著作10余种。获国家科技进步奖一等奖、二等奖，国家自然科学奖二等奖。

由于出身、经历光荣，又爱好学习，1951年，宋健被保送到哈尔滨工业大学。当时，这所大学由苏联教授授课，因此，对学生的俄语要求严格。宋健没有学过俄语，经考试，他的俄语几乎交白卷。学校领导认为他的学历不够，让他进预科。宋健不干，经过争辩，领导勉强同意他试读。试读的一年，宋健发扬苦学精神，结果以优异成绩读完大学一年级课程，并顺利通过留苏考试。

对数学、力学有着浓厚兴趣的宋健，1953年到苏联莫斯科鲍曼高等工学院学习后，很快就发现，工科的数学、力学知识满足不了他的求知欲望。于是，他又考取了莫斯科大学力学数学系夜大学。一个人同时上两所大学，唯有来回奔跑于两所大学之间，并付诸夜以继日的攻读。他常常是傍晚6点才从鲍曼大学出来，买一个面包就直奔地铁。地铁有一小时的车程，不管车厢多挤，他总是在地铁里读书和做题，有时入迷，甚至忘记下车。既有严密的科学逻辑，又有丰富的想象力和创造力，这是两所工科、理科大学的学习带给宋健的思维飞跃。

1960年，中苏关系逆转，宋健谢绝了数位院士和老师同学劝他再留数月，完成博士学位的建议，毅然回国投入了中国的导弹和航天事业。但是,"文革"中,他却被诬为"里通外国",被批判、审查、告状、抄家,受到很大冲击。在周恩来总理的关怀下,他被保护起来,送到了西北戈壁滩的一个火箭发射基地"出差"。在远离亲人,离开工作岗位,寂寞孤独的一年多的时间里,他在基地继续苦学,钻研了天文学、宇航学、超高音速空气动力学、原子物理学、分子光谱学的理论。多年后,他总结这一段经历时说:"这一年多的劫难,收获甚丰。特别是天文和原子物理,对以后的工作和科研产生了极其重要的影响。"

1972年,周恩来总理在一次接见时,亲切地问他:"你英语怎样?"总理的关怀极大地激发了他攻克英语口语的决心,他的苦学劲头丝毫不亚于年轻时代。到1980年,他的英语基本过关了,那时他已49岁。

苦学成就了宋健。1960年前后,他对最优控制系统理论做出了一系列重要成果。70年代,他修订和扩充了钱学森《工程控制论》一书,进一步发展了控制理论。80年代,他建立了"人口控制论"这门自然科学和社会科学相结合的新学科。他还在几个型号导弹控制系统设计和反弹道导弹的方案设计,以及组织领导通信卫星的发射和定点过程中做出了重要贡献。

中国工程院院士 任继周

信守诺言五十载

在我国,有这样一位工程院院士,为了自己的一句诺言,以顽强的毅力在艰难困苦的环境中不离不弃,信守半个多世纪,终于做出了卓越贡献。他就是甘肃草原生态研究所、甘肃农业大学著名教授,西部草业工程技术研究中心首席科学家任继周。

出生于1924年的任继周,年轻时一度羸弱多病,他认为自己和大多数国人一样,都是动物性食品食用太少,营养不良。抗日战争期间,他颠沛流离,先后在5所中学就读,最后就读的一个中学是重庆的南开中学。他上南开中学,要经过当时中央大学的畜牧场,那里树木葱郁,奶牛闲适地徜徉于草地中,几间简易的平房住着管理牧场的工人和技术人员。当时,任继周看了后幻想从事农业既可以改善国民营养,又能与世无争,自食其力。于是,后来他就报考了中央大学的畜牧兽医系。新生入学,学校各院院长要亲自面试,农学院院长问他为什么第一志愿报畜牧专

像院士一样思考
——100位院士思维故事100例

院士小传

任继周（1924— ），草原学专家。山东平原人。1948年毕业于中央大学（现南京大学），曾任甘肃草原生态研究所、甘肃农业大学教授及兰州大学教授，西部草业工程技术研究中心首席科学家。1995年当选为中国工程院院士。创建了中国高等农业院校草业科学专业的"草原学""草原调查与规划""草原生态化学""草地农业生态学"等4门课程，并先后主编出版了同名统编教材。1999年获何梁何利基金科学与技术进步奖。2010年获中国草学会首届"杰出功勋奖"。2013年获中国自然资源学会"中国资源科学成就奖"。2019年被授予"最美奋斗者"称号。

业，他说："要改善国民的营养。"院长笑笑，赞许地说："你的口气不小。"从此，任继周寂寞、艰苦而又充满激情的一生，就围绕信守这句诺言而开始了。

1950年春天，大学毕业才两年的任继周，从繁华的南京来到了艰苦而萧条的兰州。那时西北刚刚解放不久，第一个考验就是旅途艰难。不通火车，更没有飞机。他搭乘一辆运钢筋的美军遗留的"道奇"大卡车，从西安到兰州，整整走了21天。4月间，冰雪未化，他坐在卡车中的钢筋上，他的即将临产的夫人坐在驾驶室里，车在哪里"抛锚"就住在哪里，风餐露宿，历尽艰辛，他把自己的人生融进了荒凉的大西北和寂寞的草业科学。

半个世纪过去了，在任继周名下，呈现出一系列科研成果：他创立了草原的气候—土地—植被综合顺序分类法，并为草原类型学提出了较完整的理论体系。他提出了提高草地畜牧业生产效率的科学对策——草原季节畜牧业，为广大牧区采用，获得显著经济效益。他建立了评定草原生产能力的新指标——畜产品单位，被国内和国际有关组织采用，改变了头数指标的诸多弊端，结束了不同畜产品无法比较的历史。他提出草地农业生态系统的理论与技术，开展了系统研究与大面积示范，取得显著效益。他构建了草业科学的前植物生产层、植物生产层、动物生产层、外生物生产层这四个生产层的学科框架，阐发了草业系统的系统耦合和系统相悖的理论。他还建立了我国草坪运动场建植与管理的技术体系，并主持建植了第十一届亚运会主场地草坪。此外，他著有《草地农业生态学》等多部专著，新西兰梅西大学设有"任继周奖学金"。

回顾半个世纪的奉献与求索，耕耘与收获，信守诺言五十载的任继周院士这样写道：

"假如问我为什么这样锲而不舍？原因可能有两个：一是兴趣，二是历史责任感。**'兴趣是最好的老师'**，是兴趣使我踏上了草业科学的漫漫求索之路。我的许多科学思路，就是在实验场地工作得兴味盎然时，自然而然出现的。也是兴趣使我在寂寞的岁月中，甚至艰难的逆境中，仍然没有失去生活的勇气和专业追求。历史感是中国知识分子固有的优良传统。这来自传统文化的熏陶和国家灾难的处境，也来自读书。多亏我在西南联大哲学系当教师的二哥任继愈，我们每周互相通信，谈为学为人的道理。传记文学与二哥的教导互相印证，给我启发，早年就树立了做人的基本格局，那就是**要做一个进取向上的、情操高尚的、对社会有用的人**。"

后　记

本书体裁，我谓之笔记小品，倘说随笔札记，或别样科普，亦无不可。对于这些篇什文字，我还是看重的，自认为简洁明快，小巧玲珑，值得把玩在手。实际上，不为别的，只为内容，百位院士的百例经典思维故事，既振人精神，又启人心智，并且对读者反响亦抱有信心和期待。我很想为热爱科学的人们，为在职的科技工作者，为在校的"理工医农"类学子，打造一本为他们所喜欢的"口袋书""枕边书"。我知道自己长久的心结，对于提高我国的教育科技文化水平，大力培育创新型人才，实现科技强国、民族复兴，实在是抱有太强烈的愿望和太迫切的期待了。

实际上，这是一本再版书。2010 年 11 月，本书曾以《寻找智慧——院士思维启示录》为题，由中国民航出版社出版，惜乎印数过少，仅限民航业内发行，社会上许多读者未曾谋面，也就无所谓反响了。2022 年 9 月 6 日，中央全面深化改革委员会第二十七次会议审议通过了《关于深化院士制度改革的若干意见》，院士再度成为热点。乘此东风，人民日报出版社终于决定再版此书。

从那时至 2023 年 2 月上旬，中间 5 个多月时间，我集中时间、精力，对该书重新进行了大幅度修改。除内容、文字、标题的增删、变更、加工、润色之外，在体例、编排上也做了重大调整，书名也改了。不说脱胎换骨的话，至少也是面貌一新了。

后记

本书资料来源，除开我的直接采访，还查找、翻阅、参考了大量各家出版社出版的有关院士的传记、回忆录，以及报刊上发表的有关院士的报道、文章。比如，安徽教育出版社出版的《院士思维》，人民出版社出版的《钱学森传》，海潮出版社出版的《院士访谈录》。等等。由于参考文献甚多，恕不一一列出。总之，所有资料均有出处，来源可靠，准确无误，请读者放心阅读和使用。

"航天英雄"、全国政协委员、中国载人航天工程副总设计师杨利伟将军，曾是我的空军战友。当年他圆满完成"神舟"五号任务载誉归来，我曾采访过他，从此结下友谊。后来，由于各自忙于工作，无要事更不敢随便打扰他，因此与他失联已有十年之久。此次成书，向他求序，不意十年前的电话依然畅通，而他也依然热情实在，欣然应允。我的感激之情，真不知如何表达。

本书责任编辑陈佳女士，对此书不离不弃，一往情深，倾注了大量心血，提出了许多新颖而宝贵的创意。她的执着敬业，我打内心里赞赏。

最后，感谢人民日报出版社再版此书，也希望读者能够喜欢。

张聿温
2023 年 2 月 15 日